纺织服装类"十四五"部委级规划教材

Photoshop
服装设计

董金华 江汝南 编著　（新形态教材）

东华大学 出版社·上海

图书在版编目（CIP）数据

Photoshop 服装设计 / 董金华，江汝南编著 . -- 上海：

东华大学出版社，2024.1

　　ISBN 978-7-5669-2340-0

　　Ⅰ . ① P… Ⅱ . ① 董… ② 江… Ⅲ . ① 服装设计 – 计

算机辅助设计 – 图像处理软件 Ⅳ . ① TS941.26

　　中国国家版本馆 CIP 数据核字 (2024) 第 018237 号

责任编辑：谭　英

封面设计：张林楠　Marquis

纺织服装类"十四五"部委级规划教材

Photoshop 服装设计　（新形态教材）

Photoshop Fuzhuang Sheji

董金华　江汝南　编著

东华大学出版社出版

上海市延安西路 1882 号

邮政编码：200051　电话：（021）62193056

出版社官网　http://dhupress.dhu.edu.cn

出版社邮箱　dhupress@dhu.edu.cn

上海万卷印刷股份有限公司印刷

开本：889 mm×1194 mm　1/16　印张：11.5　字数：405 千字

2024 年 5 月第 1 版　2024 年 5 月第 1 次印刷

ISBN 978-7-5669-2340-0

定价：59.00 元

前言

　　党的二十大报告明确指出，要加快建设数字中国。这标志着实施国家数字化战略已成为全党共识和国家任务。数字化技术加快了虚拟与现实的融合发展。建设数字中国，发展数字经济，重点要发展数字人才，助力数字化转型改革。数字化服装绘画是科学技术与艺术设计有机融合的产物。与传统手绘服装画相比，数字化服装绘画无论是在商业观念还是在创作形式上都进入了一个崭新时期。它改变了人们对服装绘画审美习惯、时尚现象的交流方式以及服装创作的思维模式。它将设计师的双手从单调重复的手工劳动中解放出来，使创意和灵感得到空前释放。当前，数字化服装绘画技术水平高低已经成为了衡量服装设计师能力的重要组成部分。数字化服装绘画具有表现多样、组合任意、流程规范、现实虚拟等技术特征。同时，画稿数据存储、传输模式的革命，带来了新的创作观念和手段。此外，技术与艺术的"联姻"，使得服装设计在绘画技法和表现力度方面也取得了极大的进展。电脑服装画采用所见即所得的绘图方式，能够将任意素材融入画面，反复利用剪切、复制、粘贴、合成等技术，将常规的视觉元素单位进行分解、重组，从而生成多变的新图形。只要能够传递观念或意味，抽出、混合、复制、拼贴、挪用、合成等折衷主义手法和具有戏谑、调侃的绘画语言都可以大胆地运用，极大地拓展了服装画的艺术表现力。

　　数字化服装画不仅可以仿真几乎所有传统风格的服装画，而且还可以带来全新的"数码风格"（包括对设计元素的科幻感或整体创作随机感的风格表现），这一点，实际上是传统服装画在艺术风格表现上无法逾越的技术鸿沟。数字化服装画具有丰富的艺术表现力，如运笔的力度分寸感、符号的节奏律动感、主体的表面材质感、构图的空间纵深感、画面的光影渲染感、色彩的层次渐变感，都能够视需要而被淋漓尽致地表现出来。它可以模拟几十种绘画工具，产生几百种笔触效果；可以随意绘出各种流畅的几何形和不规则形；可以把物象分成多个层次来描绘、修改、组合，表现逼真或复杂的画面效果，提升画作的表现力度；还可以通过贴图、置换以及调整高光、反光、折射、反射、透明等参数，来表现极具真实感的材质，强化作品的艺术感染力。此外，其色彩过渡也非常自然、细腻，色彩渐变和自由填充可自如运用。在服装绘画的具体创作中，既可以趋向统一、消除笔触、弱化形态、减少层次，从而反映技术的理性与秩序之美；又可以在没有颜料、纸张、画笔的物质形式下，达到自然、随意的手绘效果，同时还能刻画出逼真的材料质感、肌理纹路。

CorelDRAW、Adobe Illustrator、Adobe Photoshop 是常见的电脑辅助服装设计通用软件。因此，系列丛书《CorelDRAW 服装设计（新形态教材）》《AI 服装设计（新形态教材）》《Photoshop 服装设计（新形态教材）》分别针对服装产品开发过程中的不同模块内容展开编排，既可以配合单个软件的学习，又可以将多个软件融会贯通，全面提升服装绘画的综合能力。

本书运用 Adobe Photoshop CC 软件，围绕服装效果图的不同的表现效果展开案例教学，内容全面、案例丰富，且每个案例尽量采用不同工具和技术手段，在注重技术广度的同时加强内容深度的挖掘，力求拓展学生的实际应用能力。全书共六章，按照"案例效果展示→案例操作步骤→小结→思考练习"的模式进行编排，语言文字详细，操作重点突出，图片标注明晰；同时备有重点案例视频教学，可通过扫描书中相应的二维码进入在线观看，使学习更轻松方便。

在本书的编写过程中，得到了东华大学出版社的大力支持与帮助。第一章内容参考了 Adobe 公司的官方网站中的 Photoshop 使用手册。张欣宇、郑芷晴等同志为本书提供了作品支持。在此一并致谢！

由于作者水平有限，书中难免有不足和疏漏之处，敬请专家和读者批评指正。

作　者

YMH01083480

刮开涂层，微信扫码后
按提示操作

说明：为保护版权，本书采取了一书一码的形式。购买该书后，刮开此覆盖条，扫描二维码，输入相应密码。随后可扫描书中的任意二维码，进入免费观看操作视频等。

目录

第一章

Adobe Photoshop CC 服装
绘画基本功能介绍

Photoshop 是由 Adobe 公司开发的图像设计与处理软件。图像处理是对已有的位图图像进行编辑加工处理以及运用一些特殊效果，其重点在于对位图图像的绘制和加工。在图像中阴影的表现和色彩的细微变化方面进行一些特殊效果处理，使用位图形式是最佳的选择，其优点是矢量图所无法比拟的。学习 Photoshop CC，掌握其图像绘制的基础知识，学习色彩原理与选取颜色，范围选取，工具与绘图，图像编辑，控制图像色彩与色调，使用图层、路径、通道、滤镜等工具，可以绘制各种风格的服装面料与效果图以及款式图，其效果丰富而逼真。

第一节　基本概念

一、Photoshop CC 工作区介绍

启动软件后出现编辑处理图片的工作区，包括标题栏、菜单栏、属性栏、工具箱、面板、状态栏、文件编辑区等，之后所有的软件应用程序都在工作区内进行（图1-1-1）。

A. 选项卡式【文档】窗口　B. 应用程序栏　C. 面板标题栏　D. 状态栏　E.【工具】面板
F. 垂直停放的三个面板组　G. 菜单栏

图 1-1-1　工作区

二、图像大小和分辨率

（一）位图

图像分为两种：位图图像和矢量图图像。Photoshop 主要是绘制和编辑位图图像。位图又称点阵图，是由许多称之为"像素"的点组成，每个像素都能够记录图像的色彩信息，因此可以精确地表现出丰富的色彩图像。图像色彩越丰富，图像的像素就越多（即分辨率越高），文件也就越大，对计算机的配置要求也就越高。同时由于位图本身点阵图的特点，图像在缩放的过程中会出现"失真"的现象。

（二）像素大小和分辨率

位图图像的像素大小是指沿图像的宽度和高度测量出的像素数目。分辨率是指位图图像中的细节精细度，测量单位是像素/英寸（ppi）。每英寸的像素越多，分辨率就越高，得到的印刷图像的质量也就越好。

（三）更改图像的像素大小

说明：更改图像的像素大小，不仅会影响图像在屏幕上显示的大小，还会影响图像的质量及其打印特性（图像的打印尺寸或分辨率）。

步骤：

1. 执行菜单【图像/图像大小】命令。

2. 在弹出的对话框（图 1-1-2）中，更改宽度或高度，或者更改分辨率。一旦更改某一个值，其他两个值就会发生相应的变化。

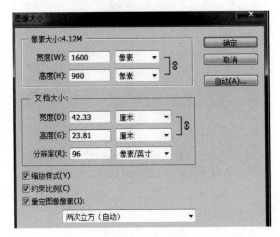

图 1-1-2　图像大小

3. 要保持当前的像素宽度和像素高度的比例，请选择【约束比例】。更改高度时，该选项将自动更新宽度；反之亦然。

4. 在【像素大小】下输入"宽度"值和"高度"值。若要输入当前尺寸的百分比值，则请选取【百分比】作为度量单位。图像的新文件大小会出现在【图像大小】对话框的顶部，而旧文件大小则在括号内显示。

5. 一定要选中【重定图像像素】，然后选取插值方法。

6. 若图像带有应用了样式的图层，就请选择【缩放样式】，在调整大小后的图像中缩放效果。只有选中了【约束比例】，才能使用此选项。

7. 完成选项设置后，请单击【确定】按钮。

三、使用工具箱

说明：工具箱包含了 Adobe Photoshop 的各种工具（图 1-1-3）。

步骤：

1. 单击【工具箱】中的任意工具。（如果工具的右下角有小三角形，就可按住鼠标按钮来查看隐藏的工具。然后再单击要选择的工具。）

2. 或者按住工具的快捷键。

3. 按住键盘快捷键可临时切换到工具。释放快捷键后，Photoshop 会返回到临时切换前所使用的工具。

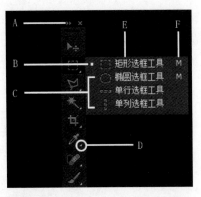

A."工具"面板　B. 现用工具　C. 隐藏的工具　D. 表示隐藏工具的三角形　E. 工具快捷键　F. 工具名称

图 1-1-3　工具箱

四、"还原"操作和"历史记录"面板

（一）使用还原操作

说明：【还原】命令允许还原操作。

步骤：

执行菜单【编辑/还原】命令。

（二）历史记录面板

说明：【历史记录】面板也可以用来还原或重做操作。

步骤：

1. 执行菜单【窗口/历史记录】显示面板。

2. 或者单击【历史记录】面板选项卡。

五、标尺、网格和参考线

（一）标尺

说明：标尺有助于精确定位图像或元素。

步骤：

1. 执行菜单【视图/标尺】命令。

2. 执行菜单【编辑/首选项/单位与标尺】命令，可以更改单位。

3. 或者右键单击标尺，然后从下拉菜单中选择一个新单位。

（二）网格和参考线

说明：参考线和网格可以有助于精确定位图像或元素。

步骤：

1. 执行菜单【视图/显示/网格】命令。

2. 执行菜单【视图/显示/参考线】命令。

3. 执行菜单【视图/显示/智能参考线】命令。

4. 执行菜单【视图/新建参考线】命令。弹出对话框，选择"水平"或"垂直"方向，并输入位置，然后点击【确定】按钮，即可置入参考线。

5. 或者从标尺上出发，按住鼠标左键不松手拖移，以创建水平或垂直参考线。

6. 用【移动】 工具可以移动参考线。

六、首选项

说明：首选项可以设置常规显示选项、文件处理选项、性能选项、光标选项、透明度与色域选项、单位与标尺、参考线和网格、文字选项以及增效工具等。

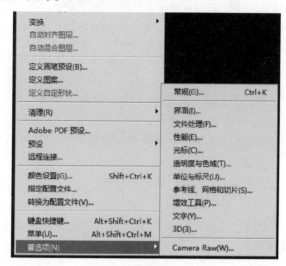

图 1-1-4 首选项

步骤：

1. 执行【编辑/首选项】命令，打开首选项，从子菜单中选择所需的首选项组。

2. 对应不同的选项组可以进行相关的设置。

七、图层 （图 1-1-5）

说明：图层就如同堆叠在一起的透明纸，层与层叠加在一起产生效果，但也可以单独编辑每一层，互不影响。图层的摆放顺序决定了图层上的内容互相遮挡的顺序。

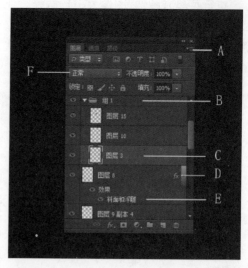

A. 图层面板菜单　B. 图层组　C. 图层　D. 展开/折叠图层效果　E. 图层效果　F. 图层属性

图 1-1-5　图层面板

步骤：

1. 双击【图层】面板中的"背景"，或者执行【图层/新建/图层背景】，将背景转换为图层。

2. 单击【图层】面板中的【创建新图层】按钮，可以创建新图层；或单击【新建组】按钮，可以创建组。

3. 将图层或组拖动到【创建新图层】按钮，可以复制图层或组。

4. 单击图层、组或图层效果旁边的眼睛图标，可以显示或隐藏图层、组或样式。

5. 执行菜单【图层/合并图层】或在图层面板点击鼠标右键，点击合并图层，可以合并图层或组。

第二节　基本功能介绍

一、"文件"菜单

（一）打开和新建文件（图 1-2-1）

执行菜单【文件/打开】选择要编辑的图片或执行【文件/新建】弹出对话框，点击建立一个新的空白文件。

新建文件设置：

1. 名称：文件名。

2. 预设：可选择 Photoshop 所提供的文件大小。

3. 高度、宽度：可自定义文件大小（单位：默认单位为像素，可点击进行更改）。

4. 分辨率设置：比如练习时设置为 72 像素/英寸；打印时设置为 300 像素/英寸或更高。

5. 颜色模式：颜色的显示模式。常用模式包括 RGB 模式、CMYK 模式、灰度模式。

6. 背景内容：选择一种背景色（也可以在操

作过程中更改）。

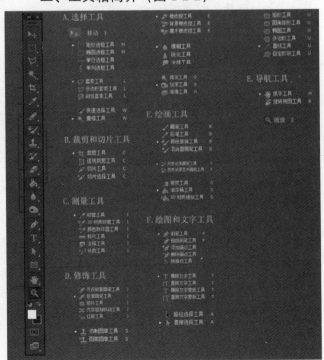

图 1-2-1　新建文件

（二）文件及图像存储

执行菜单【文件/存储】可直接保存文件，执行菜单【文件/存储为】可保存为一个新的文件。

服装图像的常用存储格式：

1. PSD 格式：Photoshop 自身文件格式，支持多图层存储，但占用空间大。一般需要反复修改的文件最好都留有 PSD 格式文件，以方便修改。

2. JPG（JPEG）格式：是一种图片压缩格式，占用空间小，但反复以 JPG 格式保存，图像品质会越来越差。

二、工具箱简介（图 1-2-2）

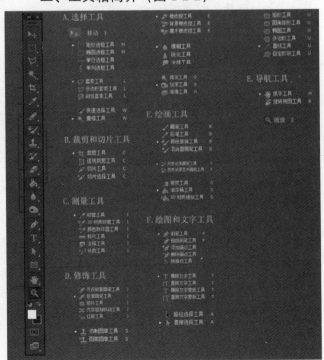

图 1-2-2　工具栏介绍

最基本工具是选择工具。选择工具可以建立选区，包括选框、套索、多边形套索、磁性套索，配合【Shift】加选，配合【Alt】减选。

（一）使用选框工具选择（图 1-2-3）

说明：用选框工具可以选择矩形、椭圆形和宽度为 1 个像素的行和列。

矩形选框　　　椭圆选框　　　移动工具

图 1-2-3　选框

步骤：

1. 使用矩形选框 ⬚ 工具或椭圆选框工具，在要选择的区域上拖移。

2. 按住【Shift】键时拖动，可将选框限制为方形或圆形（要使选区形状受到约束，请先释放鼠标按钮后再释放【Shift】键）。

3. 要从选框中心拖动，在开始拖动之时按住【Alt】键（Windows 操作系统）或【Option】键（Mac OS 操作系统）。

（二）使用套索 ⬭ 工具选择（图 1-2-4）

说明：套索工具对于绘制选区边框的手绘线段十分有用。

步骤：

1. 选择套索工具。

2. 在属性栏 ▣▣▣▣ 选择相应的选项。

3. （可选）在选项栏中设置羽化（将选区边缘像素点产生模糊效果，设置值越大，产生模糊效果越大）和消除锯齿 羽化：0 像素 ☑ 消除锯齿。

4. 拖动鼠标绘制手绘的选区边界。

（三）多边形套索工具选择 ⬭ （图 1-2-4）

说明：多边形套索工具对于绘制选区边框的直边线段十分有用。

步骤：

1. 选择多边形套索工具。

2. 在属性栏 ▣▣▣▣ 选择相应的选项。

5

3. （可选）在选项栏中设置羽化和消除锯齿。

4. 在图像中单击以设置起点，连续单击，双击结束选择。

（四）使用磁性套索 工具选择（图1-2-4）

说明：使用磁性套索工具时，边界会对齐图像中定义区域的边缘。

步骤：

1. 选择磁性套索工具。

2. 在属性栏 选择相应的选项。

3. （可选）在选项栏中设置羽化和消除锯齿。

4. 在图像中单击，设置第一个紧固点，然后沿着想要跟踪的边缘移动指针。

套索工具　　　多边形套索　　　磁性套索

图1-2-4　选择工具

（五）使用快速选择 工具选择（图1-2-5）

说明：使用快速选择工具，利用可调整的圆形画笔笔尖快速【绘制】选区，拖动时选区会向外扩展并自动查找和跟随图像中定义的边缘。

步骤：

1. 选择快速选择工具。

2. 在属性栏中，单击任一择项：【新建】、【添加到】或【相减】 。

3. 在要选择的图像部分中绘画。

4. 在建立选区时，按右方括号键【]】可增大快速选择工具画笔笔尖的大小，按左方括号键【[】可减小快速选择工具画笔笔尖的大小（图1-2-5）。

（六）使用魔棒 工具选择（图1-2-6）

说明：魔棒工具可以选择颜色一致的区域，而不必跟踪其轮廓。设置容差的大小可以改变颜色范围的大小。

步骤：

1. 选择魔棒工具。

2. 在属性栏中指定一个选区选项 ，

图1-2-5　使用快速选择工具进行绘画，以扩展选区

魔棒工具的指针会随选中的选项而变化。

3. 设置【容差】的范围（容差越大，包含的颜色范围越广）。若勾选【连续】，则容差范围内的所有相邻像素都被选中。否则，将选中容差范围内的所有像素（图1-2-6）。

图1-2-6　魔棒属性设置

4. 点击对象。

（七）选择色彩范围

说明：【色彩范围】命令可以选择整个图像内指定的颜色或色彩范围。

步骤：

1. 执行菜单【选择/色彩范围】命令，弹出对话框（图1-2-7）。

2. 从【选择】菜单中选取【取样颜色】工具。颜色容差：设置较低的"颜色容差"值可以限制色彩范围，设置较高的"颜色容差"值可以增大色彩范围。

3. 根据"选区预览"，调整容差数值以改变选区（图1-2-8）。

三、关于颜色

色彩的构成方式有两种：①RGB模式（R为红光，G为绿光，B为蓝光），即光色模式，又称真彩色模式，适合计算机屏幕显示。其中每种光色都包含256种亮度级别，三个通道光色合起来显示出完整的色彩图像，有1 670多万种颜色。②CMYK

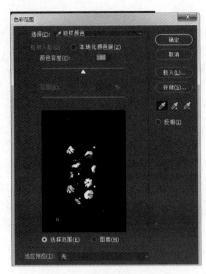

图 1-2-7　色彩范围对话框

图 1-2-8　调整颜色选区后替换颜色

模式（C 为靛青，M 为品红，Y 为黄色，K 为黑色）。与光色模式不同，CMYK 模式适用于打印，颜色丰富度远远少于 RGB 模式。

（一）颜色面板概述（图 1-2-9）

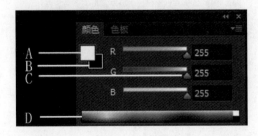

A. 前景色　B. 背景色　C. 滑块　D. 四色曲线图

图 1-2-9　颜色面板

颜色面板【窗口/颜色】显示当前前景色和背景色的颜色值。使用【颜色】面板中的滑块，可以利用几种不同的颜色模式编辑前景色和背景色。也可以从显示在面板底部的四色曲线图中的色谱中选取前景色或背景色（图 1 - 2 - 10）。

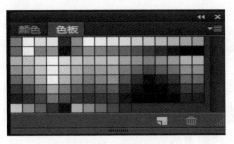

图 1-2-10　色板面板

（二）选取颜色

● 关于前景色和背景色（图 1-2-11）

Photoshop 使用前景色来绘画、填充和描边选区，使用背景色来生成渐变填充和在图像中已抹除的区域填充。一些特殊效果滤镜也使用前景色和背景色。

A.【默认颜色】图标
B.【前景色】框
C.【切换颜色】图标
D.【背景色】框

图 1-2-11　工具箱中的【前景色】和【背景色】

可以使用【吸管】工具、【颜色】面板、【色板】面板或 Adobe 拾色器指定新的前景色或背景色。默认前景色是黑色，默认背景色是白色。

● 在工具箱中选取颜色

说明：当前的前景色显示在工具箱上面的颜色选择框中，当前的背景色显示在下面的框中。

步骤：

1. 更改前景色，单击工具箱中的【前景色】框，然后在拾色器中选取一种颜色。

2. 更改背景色，单击工具箱中的【背景色】框，然后在拾色器中选取一种颜色。

3. 反转前景色和背景色，请单击工具箱中的【切换颜色】图标。

4. 恢复默认前景色和背景色，请单击工具箱中的【默认颜色】图标。

5. 单击【前景色】框和【背景色】框，可以弹出【拾色器】面板。

● 使用吸管工具选取颜色

说明：【吸管】工具采集颜色以指定新的前景色或背景色。可以从现用图像或屏幕上的任何位置采集颜色。

步骤：

1. 选择【吸管】工具 🖋 。

2．更改吸管的取样大小，从【取样大小】菜单 取样大小： 取样点 中选取一个选项。

3．从【样本】菜单选择一个选项，【所有图层】是指从文档中的所有图层中采集颜色 样本： 所有图层 ，【当前图层】从当前现用图层中采集颜色。

4．将鼠标在要拾取的颜色上单击，即可拾取新颜色。

（三）颜色模式之间的转换

● 将图像转换为另一种颜色模式（图 1-2-12）

说明：可以将图像从原来的模式（源模式）转换为另一种模式（目标模式）。例如将 RGB 模式图像转换为 CMYK 模式。

步骤：

1．打开图片。

2．执行菜单【图像/模式】命令，从子菜单中选取所需的模式。

3．图像在转换为多通道、位图或索引颜色模式时应进行拼合，因为这些模式不支持图层。

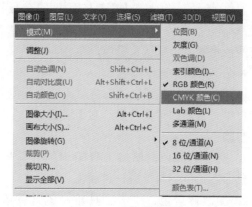

图 1-2-12　颜色模式菜单

● 将彩色照片转换为灰度模式（图 1-2-13）

说明：将彩色照片转换为灰度模式会使文件变小，但是扔掉颜色信息会导致两个相邻的灰度级转换成完全相同的灰度级。

步骤：

1．打开图片，执行菜单【图像/模式/灰度】命令。

2．在弹出的对话框中，单击【扔掉】。Photoshop 会将图像中的颜色转换为黑色、白色和不同灰度级别。

（四）调整图像颜色和色调

● 色阶（图 1-2-14）

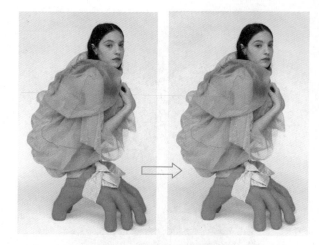

图 1-2-13　转换为灰度模式

说明：【色阶】是通过调整图像的阴影、中间调和高光的强度级别，从而校正图像的色调范围和色彩平衡。【色阶】直方图可以是调整图像基本色调的最直观参考。

调整前　　　　　　【色阶】对话框

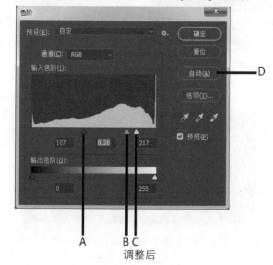

调整后

A．阴影　B．中间调　C．高光　D．应用自动颜色校正

图 1-2-14　色阶调整

步骤：

1．执行菜单【调整/色阶】命令，弹出色阶面板。

2．或者执行菜单【图层/新建调整图层/色阶】命令；再或者在窗口打开调整面板，并单击面板中

【色阶】图标 。

3.（可选）要调整特定颜色通道的色调，请从【通道】菜单中选取选项。

4. 手动调整阴影和高光，将黑色和白色【输入色阶】滑块拖至直方图的任意一端。

5. 也可以直接在第一个和第三个【输入色阶】文本框中输入值。

● 曲线（图 1-2-15）

说明：使用【曲线】或【色阶】调整图像的整个色调范围。【曲线】可以调整图像的整个色调范围内的点（从阴影到高光）。【色阶】只有三个调整（白场、黑场、灰度系数）。也可以使用【曲线】对图像中的个别颜色通道进行精确调整。

调整前　　　　　　　　调整后

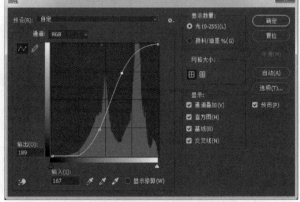

【曲线】对话框
图 1-2-15 【曲线】调整

步骤：

1. 执行菜单【图像/调整/曲线】命令，弹出曲线面板。

2. 或者执行菜单【图层/新建调整图层/曲线】命令。再或者单击【调整】面板中的【曲线】图标 。

3. 要调整图像的色彩平衡，可从【通道】菜单中选取要调整的一个或多个通道。

4. 直接在曲线上单击可以添加点；要移去控点，将其从图形中拖出或者选中该控点后按【Delete】键。

5. 单击某个点并拖动曲线直到色调和颜色满意为止。按住【Shift】键单击可选择多个点并一起将其移动。

● 色相/饱和度（图 1-2-16）

说明：使用【色相/饱和度】，可以调整图像中特定颜色范围的色相、饱和度和亮度，或者同时调整图像中的所有颜色。此调整尤其适用于微调 CMYK 图像中的颜色，以便它们处在输出设备的色域内。

步骤：

1. 选中对象，执行菜单【图像/调整/色相饱和度】命令，弹出【色相/饱和度】面板。

2. 或者执行菜单【图层/新建调整图层/色相饱和度】命令；再或者单击调整面板中的【色相/饱和度】图标 。

3. 在调整面板中拖动【色相】【饱和度】【明度】滑块，直到效果满意为止。

原稿　　　　　调整后效果 1　　　　调整后效果 2

色相/饱和度对话框

图 1-2-16 色相/饱和度调整

● 阴影/高光（图 1-2-17）

调整前　　　　　　　　调整后

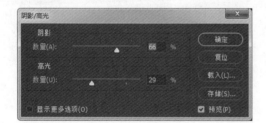

阴影/高光对话框

图 1-2-17 阴影和高光调整

说明：【阴影/高光】命令适用于校正由强逆光而形成剪影的照片，或者校正由于太接近相机闪光灯而有些发白的焦点。【阴影/高光】命令还有用于调整图像的整体对比度的【中间调对比度】滑块、【修剪黑色】选项和【修剪白色】选项，以及用于调整饱和度的【颜色校正】滑块。

步骤：

1. 执行菜单【图像/调整/阴影/高光】命令，弹出面板。

2. 移动【数量】滑块或在"阴影"或"高光"的百分比框中输入数值调整光照校正量。

3. 为了更精细地进行控制，请勾选"显示其他选项"进行其他调整。

4. 完成后点击【确定】按钮。

● 替换颜色（图 1-2-18）

说明：【替换颜色】命令可以创建蒙版，以选择图像中的特定颜色，然后替换那些颜色。可以设置选定区域的色相、饱和度和亮度。或者使用拾色器来选择替换颜色。

步骤：

1. 选中对象，执行【图像/调整/替换颜色】命令，弹出对话框。

2. （可选）如果要在图像中选择多个颜色范围，就选择【本地化颜色簇】来构建更加精确的蒙版。

3. 拖移【颜色容差】滑块或输入一个值来调整蒙版的容差。

原稿　　　　颜色替换 1　　　颜色替换 2

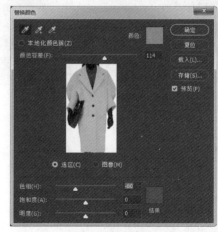

【颜色替换】对话框

图 1-2-18 颜色替换

4. 拖移【色相】、【饱和度】和【明度】滑块 (或者在文本框中输入值)。

5. 双击【结果】色板并使用拾色器选择替换颜色。

● 亮度/对比度（图 1-2-19）

说明：【亮度/对比度】，可以对图像的色调范围进行简单的调整。将亮度滑块向右移动会增加色调值并扩展图像高光，而将亮度滑块向左移动会减少值并扩展阴影。

步骤：

1. 执行菜单【图像/亮度/对比度】命令，弹出面板。

原稿　　　　　　　调整后

【亮度/对比度】对话框
图 1-2-19　亮度/对比度

2. 或者执行菜单【图层/新建调整图层/亮度/对比度】命令；再或者单击【调整】面板中的【亮度/对比度】图标 。

3. 在【调整】面板中，拖动滑块以调整亮度和对比度，直到满意为止。

● 色彩平衡（图 1-2-20）

说明：【色彩平衡】命令可以调整图像的阴影、中间调和高光的色彩平衡。

步骤：

1. 打开图片，选中需要变化的区域。

2. 执行菜单【图像/调整/色彩平衡】命令，弹出对话面板。

3. 选择"阴影、中间调或高光"调整区域；更改图像中的色彩参数。

4. 拖移各滑块确定每次调整的量。

5. 勾选【预览】，可查看调整的色彩。

原稿　　　　　　　调整后的效果

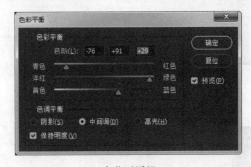

变化对话框
图 1-2-20　色彩平衡

四、滤镜介绍

Adobe Photoshop 滤镜库提供了许多特殊效果的滤镜，利用这些滤镜可以对图像进行各种效果的修饰。

（一）艺术效果滤镜（图 1-2-21）

说明：【艺术效果】子菜单中的滤镜，都是模仿自然或传统介质的效果。包括【壁画】【彩色铅笔】【粗糙蜡笔】【底纹效果】【干画笔】【海报边缘】【海绵】【绘画涂抹】【胶片颗粒】【木刻】【霓虹灯光】【水彩】【塑料包装】【涂抹棒】。

步骤：

1. 在要应用【艺术效果】的图像上建立选区。

2. 执行菜单【滤镜/滤镜库】命令，弹出面板。

3. 在面板中选择艺术效果，设置相关属性，通过【预览】观察其效果。完成后点击【确定】。

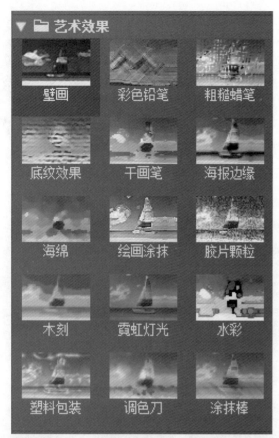

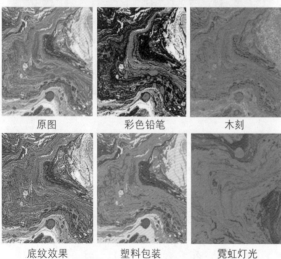

图 1-2-21 各种艺术效果滤镜

（二）模糊滤镜（图 1-2-22）

说明：模糊滤镜可柔化选区或整个图像，对于修饰非常有用。它是通过平衡图像中已定义的线条和遮蔽区域的清晰边缘旁边的像素，使变化显得柔和。包括【表面模糊】【动感模糊】【方框模糊】【高斯模糊】【镜头模糊】【模糊】【径向模糊】【形状模糊】【特殊模糊】等效果。

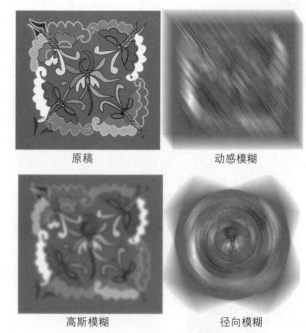

图 1-2-22 各种模糊滤镜

步骤：

1. 建立选区或者选中整个图像。

2. 执行菜单【滤镜/模糊/任意效果】，弹出面板。

3. 在面板中设置相关属性，通过【预览】观察其效果。

4. 完成后单击面板中【确定】按钮。

（三）画笔描边滤镜（图 1-2-23、图 1-2-24）

说明：与【艺术效果】滤镜一样，【画笔描边】滤镜使用不同的画笔和油墨描边效果创造出绘画效果的外观。有些滤镜还添加颗粒、绘画、杂色、边缘细节或纹理。包括【成角的线条】【墨水轮廓】【喷溅】【喷色描边】【强化的边缘】【深色线条】【烟灰墨】【阴影线】。

步骤：

1. 建立选区或者选中整个图像。

2. 执行菜单【滤镜/滤镜库】命令，弹出面板。

3. 在面板中，选择画笔描边，设置相关属性，通过【预览】观察其效果。

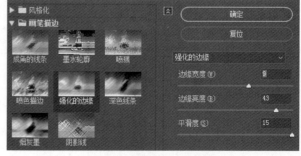

图 1-2-23 画笔描边滤镜设置

4. 完成后点击面板中【确定】按钮。

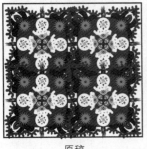
原稿

成角的线条

强化的边缘

烟灰墨

图 1-2-24　各种画笔描边滤镜效果

（四）扭曲滤镜（图 1-2-25）

说明：【扭曲】滤镜可将图像进行几何扭曲。包括【波浪】【波纹】【玻璃】【海洋波纹】【挤压】【切变】【球面化】【水波】【旋转扭曲】【置换】等效果。

步骤：

1. 建立选区或者选中整个图像。

2. 执行菜单【滤镜/扭曲/任意效果】命令，弹出面板。

3. 在面板中设置相关属性，通过【预览】观察其效果。

4. 完成后单击面板中【确定】按钮。

原稿

波浪

球面化

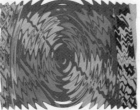
水波纹

图 1-2-25　各种扭曲滤镜效果

（五）杂色滤镜（图 1-2-26）

说明：【杂色】滤镜可以添加或移去杂色，也可以创建与众不同的纹理或移去有问题的区域，如灰尘和划痕。包括【较少杂色】【蒙尘与划痕】【去斑】【添加杂色】【中间值】等效果。

步骤：

1. 建立选区或者选中整个图像。

2. 执行菜单【滤镜/杂色/任意效果】，弹出面板。

3. 在面板中，设置相关属性，通过【预览】观察其效果。完成后点击【确定】。

原稿

添加杂色

蒙尘与划痕

图 1-2-26　各种杂色滤镜效果

（六）像素化滤镜（图 1-2-27）

说明：【像素化】滤镜是通过使单元格中颜色值相近的像素结成块来清晰地定义一个选区。包括【彩块化】【彩色半调】【点状化】【晶格化】【马赛克】【碎片】【铜板雕刻】等效果。

步骤：

1. 建立选区或者选中整个图像。

2. 执行菜单【滤镜/像素化/任意效果】，弹出面板。

3. 在面板中设置相关属性，通过【预览】观察其效果，完成后点击【确定】。

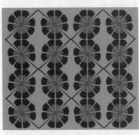
原稿

彩色半调

晶格化

马赛克

图 1-2-27　各种像素化滤镜效果

（七）渲染滤镜（图 1-2-28）

原稿

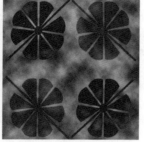

分层云彩

光照效果

纤维

图 1-2-28 各种渲染滤镜效果

原稿

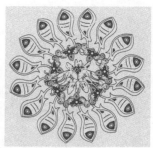

"便条纸"纹理

素描滤镜对话框

图 1-2-29 素描滤镜效果设置

说明：【渲染】滤镜在图像中创建 3D 形状、云彩图案、折射图案和模拟的光反射。包括【分层云彩】【光照效果】【镜头光晕】【纤维】【云彩】等效果。

步骤：

1. 建立选区或者选中整个图像。

2. 执行菜单【滤镜/渲染/任意效果】，弹出面板。

3. 在面板中，设置相关属性，通过【预览】观察其效果。【光照效果】命令则设置属性后按【Enter】键确定。

4. 完成后单击面板中【确定】按钮。

（八）素描滤镜（图 1-2-29）

说明：【素描】滤镜可以在图像上添加各种纹理，包括【半调图案】【便条纸】【粉笔和炭笔】【铬黄渐变】【绘图笔】【基底凸现】【石膏效果】【水彩画纸】【撕边】【炭笔】【炭精笔】【图章】【网状】【影印】等效果。

步骤：

1. 建立选区或者选中整个图像。

2. 执行菜单【滤镜/滤镜库】，弹出面板。

3. 在面板中，选择素描，设置相关属性，通过【预览】观察其效果。

4. 完成后单击面板中【确定】按钮。

（九）风格化滤镜（图 1-2-30）

说明：【风格化】滤镜通过置换像素和通过查找并增加图像的对比度，在选区中生成绘画或印象派的效果。包括【查找边缘】【等高线】【风】【浮雕效果】【扩散】【拼贴】【曝光过度】【凸出】【照亮边缘】等效果。

步骤：

1. 建立选区或者选中整个图像。

2. 执行菜单【滤镜/风格化/任意效果】，弹出面板。

3. 在面板中设置相关属性，通过【预览】观察其效果。

4. 完成后单击面板中【确定】按钮。

原稿

浮雕效果

凸出

曝光过度

图 1-2-30 各种风格化滤镜效果

原稿

染色玻璃

（十）纹理滤镜（图 1-2-31）

说明：可以使用【纹理】滤镜模拟具有深度感或物质感的外观，或者添加一种器质外观。包括【龟裂缝】【颗粒】【马赛克拼贴】【拼缀图】【染色玻璃】【纹理化】等效果。

步骤：

1. 建立选区或者选中整个图像。

2. 执行菜单【滤镜/滤镜库】，弹出面板。

3. 在面板中选择纹理，设置相关属性，通过【预览】观察其效果。

4. 完成后单击面板中【确定】按钮。

拼缀图

龟裂缝

图 1-2-31 各种纹理滤镜效果

第三节　服装绘画常用工具

一、绘图工具

（一）画笔和铅笔工具

说明：使用【画笔】和【铅笔】工具可以在图像上绘制当前的前景色。画笔工具可以创建有颜色的柔描边，而铅笔工具则可以创建硬边直线。

步骤：

1. 设置前景色。

2. 选择【画笔】 工具或【铅笔】 工具。

3. 在【画笔预设】 选取器中选取画笔。

4. 在属性栏中设置模式、不透明度等。

5. 在图像中单击并拖动绘画。要绘制直线，在图像中单击起点，然后按住 Shift 键并单击终点。

（二）画笔预设

说明：预设画笔是预先存储画笔，可以从笔的大小、形状和硬度等定义它的特性。

步骤：

1. 选择一种绘图工具，然后单击属性栏中的【画笔】，弹出菜单，选择一种画笔。或者从【画笔】面板中直接选择画笔（图 1-3-1）。

2. 单击属性栏【切换画笔面板】 按钮。弹出【预设画笔】面板。更改画笔大小、硬度和间距等（图 1-3-2）。

3. 在图像中单击并拖动进行绘画。

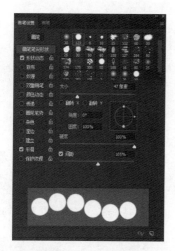

图 1-3-1　画笔预设

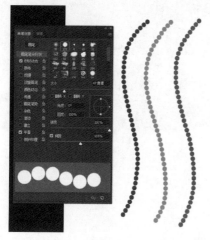

图 1-3-2　【画笔设置】面板及效果

（三）图案图章 工具

说明：使用【图案图章】工具可使用图案进行绘制。从图案库中选择图案或者自己创建图案。

步骤：

1. 选择【图案图章】 工具。

2. 从【画笔预设】选取器中选取画笔。

3. 在属性栏中设置模式、不透明度等工具选项。

4. 在属性栏中选择【对齐】以保持图案与原始起点的连续性，即使释放鼠标按钮并继续绘画也不例外。取消选择【对齐】可在每次停止并开始绘画时重新启动图案。

5. 在属性栏中，从【图案】弹出式面板中选择一个图案。

6. （可选）如果希望应用具有印象派效果的图案，就选择【印象派效果】。

7. 在图像中拖动以使用选定图案进行绘画（图 1-3-3）。

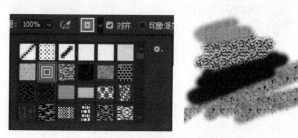

图 1-3-3　【图案图章】的属性设置及效果

（四）预设图案

说明：预设图案显示在【油漆桶】、【图案图章】、【修复画笔】和【修补】工具属性栏的弹出式面板中，以及【图层样式】对话框中。

步骤：

1. 在任何打开的图像上使用【矩形】选框工具，选择要用作图案的区域。必须将"羽化"设置为 0 像素。

2. 执行菜单【编辑/定义图案】命令，弹出对话框，输入图案的名称。

3. 打开工具箱中的【油漆桶】、【图案图章】、【修复画笔】或【修补】工具，在其属性栏的弹出式面板中出现定义的图案（图 1-3-4）。

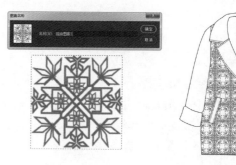

图 1-3-4　定义图案及填充效果

（五）钢笔 工具

说明：使用【钢笔】工具可用以绘制图像和路径，可以创建复杂的形状。

● 绘制形状

步骤：

1. 选择【钢笔】工具，在属性栏选择【形状】 。

2. 在页面中单击以确定第一个锚点，再次单击结束的位置，绘制直线。多次单击可以绘制连续的折线。

3. 在页面中单击以确定第一个锚点（A），在第二个锚点位置（B）按下鼠标左键不松手，拖动随之出现的手柄，绘制任意的曲线（图 1-3-5）。

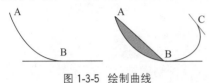

图 1-3-5　绘制曲线

4. 按住 Alt 键，在任意锚点上单击，可以在平滑点和角点之间进行转换。

5. 运用钢笔工具、添加锚点工具和删除锚点工具，可以在需要的位置添加和删除任意锚点。

● 绘制路径

步骤：

1. 选择【钢笔】工具，在属性栏选择【路径】，切换至【路径】面板。

2. 在页面中根据需求绘制任意路径，操作方法与绘制形状相同。

3. 使用【路径选择】工具可以选择路径；【直接选择】工具，可以编辑路径。

4. 选中路径后，点击面板中【将路径作为选区载入】按钮，将路径转换为选区。

5. 选中路径后，点击面板下方的【用画笔描边路径】按钮，对路径进行描边。

6. 单击【路径面板菜单】按钮，执行【存储路径】命令，可以保存路径。

二、填充工具

（一）渐变工具

说明：使用【渐变】工具可以创建多种颜色间的逐渐混合。

步骤：

1. 选择要填充的区域，否则，渐变填充将应用于整个现用图层。

2. 选择【渐变】工具。

3. 在属性栏中单击【渐变样本】旁边的三角形，可以挑选预设渐变填充（图 1-3-6）。

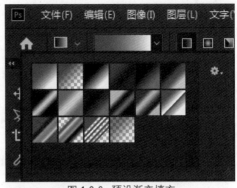

图 1-3-6　预设渐变填充

4. 在属性栏中选择应用渐变填充的选项。从左到右分别为：

◆线性渐变：以直线从起点渐变到终点。

◆径向渐变：以圆形图案从起点渐变到终点。

◆角度渐变：围绕起点以逆时针扫描方式渐变。

◆对称渐变：使用均衡的线性渐变在起点的任一侧渐变。

◆菱形渐变：以菱形方式从起点向外渐变。

5. 在属性栏中对"混合模式""不透明度""反向""仿色""透明区域"等进行设置。

6. 双击【渐变样本】可以打开【渐变编辑器】面板（图 1-3-7）。

图 1-3-7　【渐变编辑器】对话框

7. 将指针定位在图像中想要设置为渐变起点的位置，然后拖动以定义终点。

（二）油漆桶 工具

说明：【油漆桶】工具可以快速填充大范围的颜色。

步骤：

1. 选择要填充的区域，否则，填充将应用于整个现用图层。

2. 设置填充颜色，填充前景色 前景 或图案 图案 。

3. 在属性栏 中对"模式""不透明度""容差"等进行设置。

三、修饰工具

（一）裁剪图像 工具

说明：裁剪是移去部分图像以形成突出或加强构图效果的过程。可以使用【裁剪】工具和【裁剪】命令。

步骤：

1. 打开图片文件，执行菜单【图像/裁剪】命令，弹出面板。

2. 或者单击工具箱中的【裁剪】图标 。

3. 在图像中要保留的部分上按住鼠标左键不松手拖动，创建一个选框。

4. 调整选框，满意后双击鼠标或者按下【Enter】键，结束操作（图 1-3-8）。

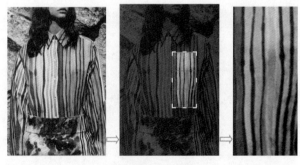

图 1-3-8 裁剪图像

（二）透视裁剪 工具

说明：可在裁剪过程中变换图像的透视效果。

步骤：

1. 打开一图片文件，用【透视裁剪】工具拖出裁剪框。

2. 图像中出现网格，移动角点，更改透视。

3. 在图片中双击或者按下【Enter】键，结束操作（图 1-3-9）。

图 1-3-9 透视裁剪

（三）仿制图章 工具

说明：【仿制图章】工具是将图像的一部分绘制到同一图像的另一部分或绘制到具有相同颜色模式的任何打开文档的另一部分。也可以将一个图层的一部分绘制到另一个图层。仿制图章工具对复制对象或移去图像中的缺陷很有用。

步骤：

1. 打开一图片文件，选中仿制图章工具。

2. 在属性栏中，对【画笔笔尖】【混合模式】【不透明度】【流量】进行设置。

3. 在图像任意位置按住 Alt 键并单击，设置取样点。

4. （可选）在【仿制源】面板中，单击【仿制源】按钮并设置其他取样点。

5. 在要校正的图像部分上拖移（图 1-3-10）。

（四）污点修复画笔 工具

说明：使用【污点修复画笔】工具可以快速移去照片中的污点和其他不理想部分。

步骤：

1. 选择工具箱中的【污点修复画笔】 工具。

2. 在属性栏中选取画笔大小。比要修复的区域稍大一点的画笔最为适合，这样只需单击一次即可覆盖整个区域。

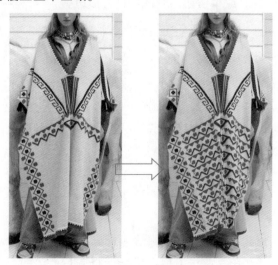

图 1-3-10 【仿制图章】效果

3.（可选）从属性栏的【模式】菜单中选取混合模式。选择【替换】可以在使用柔边画笔时，保留画笔描边的边缘处的杂色、胶片颗粒和纹理。

4. 在属性栏中选取一种【类型】选项。

5. 如果在属性栏中选择【对所有图层取样】，可从所有可见图层中对数据进行取样。如果取消选择【对所有图层取样】，则只从现用图层中取样。

6. 单击要修复的区域，或单击并拖动以修复较大区域中的不理想部分（图 1-3-11）。

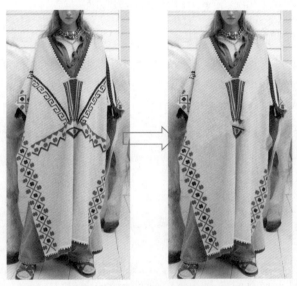

图 1-3-11　污点修复画笔效果

（五）修复画笔 ▨ 工具

说明：修复画笔工具可用于校正瑕疵，使它们消失在周围的图像中。与仿制工具一样，使用修复画笔工具可以利用图像或图案中的样本像素来绘画。【修复画笔】工具还可将样本像素的纹理、光照、透明度和阴影与所修复的像素进行匹配。从而使修复后的像素不留痕迹地融入图像的其余部分。

步骤：

1. 选择【修复画笔】▨ 工具。

2. 单击属性栏中的画笔样本，并在弹出面板中设置"画笔"选项：

源——指定用于修补像素的源。"取样"可以使用当前图像的像素，而"图案"可以使用某个图案的像素。如果选择"图案"，就会从弹出面板中选择一个图案。

对齐——连续对像素进行取样，即使释放鼠标按钮，也不会丢失当前取样点。如果取消选择【对

齐】，则会在每次停止并重新开始绘制时使用初始取样点中的样本像素。

样本——从指定的图层中进行数据取样。要从现用图层及其下方的可见图层中取样，请选择【当前和下方图层】。要仅从现用图层中取样，请选择【当前图层】。要从所有可见图层中取样，请选择【所有图层】。要从调整图层以外的所有可见图层中取样，请选择【所有图层】。

3. 然后按住【Alt】键单击，设置取样点。

4. 在图像中拖移（图 1-3-12）。

图 1-3-12　修复画笔效果

（六）修补 ▨ 工具

说明：使用修补工具，可以用其他区域或图案中的像素来修复选中的区域。

步骤：

1. 选择【修补】工具。

2. 在图像中拖动选中的想要修复的区域，并在选项栏中选择【源】。

3. 或者在图像中拖动，选择要从中取样的区域，并在选项栏中选择"目标"。

4. 在图像中绘制选区，配合【Shift】键，可添加到现有选区，配合【Alt】键可从现有选区中减去一部分。

5. 将指针定位在选区内，如果在属性栏中选择了"源"，就请将选区边框拖动到想要从中进行取样的区域。松开鼠标按钮时，原来选中的区域被使用样本像素进行修补。如果在属性栏中选定了"目标"，就会将选区边界拖动到要修补的区域。释放鼠标按钮时，将使用样本像素修补新选定的区域（图 1-3-13）。

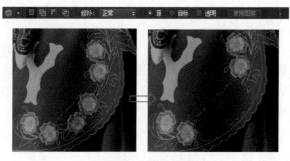

图 1-3-13　修补工具效果

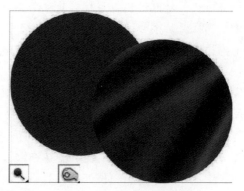

图 1-3-15　颜色减淡和加深效果

（七）颜色替换工具

说明：颜色替换工具能够简化图像中特定颜色的替换，可以使用校正颜色在目标颜色上绘画。

步骤：

1. 打开图片文件，在图像中选中需要替换颜色的部分，选择【颜色替换】工具。

2. 在属性栏中选取画笔笔尖。通常应保持将混合模式设置为【颜色】。

3. 要为所校正的区域定义平滑的边缘，选择【消除锯齿】。

4. 设置前景色为替换色。

5. 在图像中拖动可替换目标颜色（图 1-3-14）。

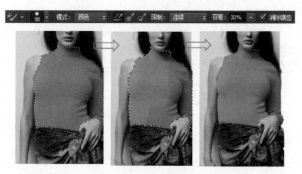

图 1-3-14　颜色替换工具属性设置与颜色替换效果

（八）减淡和加深工具

说明：减淡和加深工具用于调节图片特定区域的曝光度，可使图像区域变亮或变暗。

步骤：

1. 选择【减淡】工具或【加深】工具。

2. 在选项栏中选取画笔笔尖并设置画笔选项。

3. 在选项栏中，从【范围】菜单下可以选择【中间调】更改灰色的中间范围、【阴影】更改暗区域、【高光】更改亮区域。

四、变换工具

说明：变换工具主要是对图像进行比例、旋转、斜切、伸展或变形的处理。可以向选区、整个图层、多个图层或图层蒙版应用变换。还可以向路径、矢量形状、矢量蒙版、选区边界或 Alpha 通道应用变换。

步骤：

1. 选择要变换的对象。

2. 执行菜单【编辑/变换/缩放、旋转、斜切、扭曲、透视、变形】等命令。

◆若选取【缩放】，则拖动外框上的手柄，拖动手柄时按住【Shift】键可按比例缩放。

◆若选取【旋转】，则将指针移到外框之外（指针变为弯曲的双向箭头），然后拖动。按 Shift 键可将旋转限制为按 15°增量进行。

◆若选取【斜切】，则拖动边手柄可倾斜外框。

◆若选取【扭曲】，则拖动角手柄可伸展外框。

◆若选取【透视】，则拖动角手柄可向外框应用透视。

◆若选取【变形】，则请从选项栏中的【变形样式】弹出式菜单中选取一种变形，或者若要执行【自定变形】，则请拖动网格内的控制点、线条或区域，以更改外框和网格的形状。

3. 完成后，按【Enter】键或者在变换选框内双击，结束操作（图 1-3-16）。

4. 按住快捷键【Ctrl＋T】进行【自由变换】命令，可用于在一个连续的操作中进行变换。

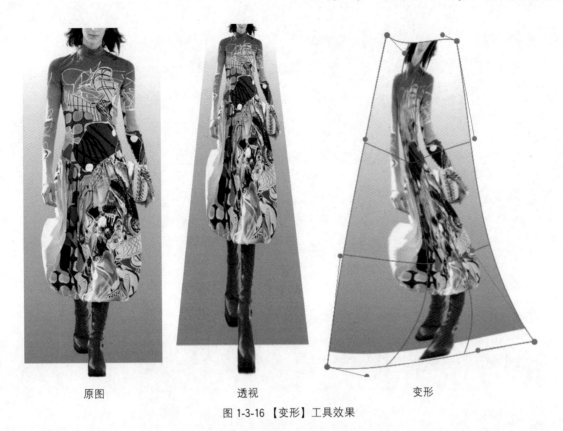

原图　　　　　　　　透视　　　　　　　　变形

图 1-3-16 【变形】工具效果

本章小结

　　本章先总体介绍了 Photoshop CC 的整体功能和基本操作，然后分别介绍了各种服装绘制和图像处理的常用工具，如绘图工具、图片修复工具、颜色调整工具等。Potoshop 功能众多，掌握工具只是第一步。学习者不仅要知道工具如何用，还更应该熟练操作并知道恰当运用，这样才能熟练地运用 Photoshop 软件绘图。操作技巧提示：

　　1. 图像像素越多，分辨率越高，得到的印刷质量就越好。

　　2. 首选项可以设置常规显示选项、文件存储选项、性能选项、光标选项、透明度选项、单位与标尺、参考线和网格、文字选项以及增效工具等。

　　3. 使用【色彩范围】命令可以选择整个图像内指定的颜色或色彩范围。

　　4. 减淡和加深工具用于制作服装面料的阴影、质感，非常方便。

　　5. 滤镜可以对图像进行各种效果的修饰。

思考练习题

　　1. 如何打开并保存文件、新建文件、更改图像的像素大小？

　　2. 如何使用【仿制图章】【污点修复画笔】【修补】工具修改图像上的瑕疵？

　　3. 如何进行图像颜色的调整？

　　4. 找一些服装图片，利用所学工具将其进行颜色替换。

第二章
服装面料质感的绘制

　　不同质感的面料表现直接影响到服装效果图的表现效果。在服装效果图的绘画设计中，服装面料图片可以通过扫描、拍照等方式直接导入到 Photoshop 中进行编辑，也可以直接绘制面料来表现。在面料设计中可以加入传统文化元素，通过面料这个载体来发扬和传承文化，推进文化自信自强。服装面料的种类很多，本章以蕾丝、丝绸、格子、针织、裘皮及印花等面料质感表现为例，同时也为后面的效果图绘制做好铺垫。

第一节 蕾丝面料的绘制

本节介绍蕾丝面料的绘制技巧，以此使学习者可达到熟练掌握【增加图层样式】 *fx*、【定义图案】、【自定形状】 、【渐变】 、【滤镜】等工具。

（一）实例效果

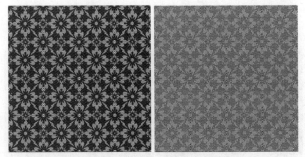

图 2-1-1 蕾丝面料的绘制实例效果

（二）操作步骤

1. 执行菜单【文件/新建】或者按快捷键【Ctrl＋N】新建一个文件，设置名称为【蕾丝】，点击【确定】按钮（图 2-1-2）。

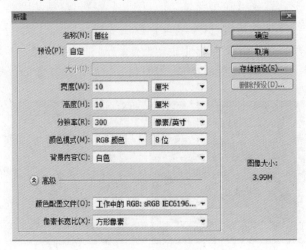

图 2-1-2 新建文件

2. 切换至【图层】面板，点击【图层】面板中的【创建新图层】 按钮 4 次，创建 4 个新图层并分别命名为【网格】【底色】【大花】【小花】。

3. 点击【默认前景色和背景色】 ，将前景色设置为"黑色"。

4. 切换至【图层】面板，点击【网格】图层，选择工具箱中的【铅笔】 工具，设置参数（尖角大小为 1 像素，不透明度为 100％），绘制图形（可按快捷键【Ctrl＋"＋"】放大面板绘制图形，图 2-1-3）。

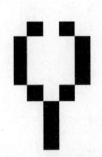

图 2-1-3 绘制图案　　　　　　图 2-1-4 复制图层

5. 切换至【图层】面板，拉【网格】图层至【图层面板】下的 按钮，自动生成【网格拷贝】图层。重复操作两次，自动生成【网格拷贝 2】【网格拷贝 3】图层（图 2-1-4）。

6. 选择工具箱中的【移动】 工具，排列"绘制的图案"至如图 2-1-5 中左图所示效果。

7. 结合【Shift】键，选中所有【网格】图层，按快捷键【Ctrl＋E】将其合并为【网面拷贝 3】图层。选择工具箱中的【矩形选框】 工具，建立选区（图 2-1-5 中右图）。

8. 执行菜单【编辑/定义图案】命令，弹出对话框，命名为【网格】（图 2-1-6），点击【确定】，按快捷键【Ctrl＋D】取消选择。

9. 切换至【图层】面板，点击【网格拷贝 3】图层，按快捷键【Ctrl＋Delete】填充背景色（白色）。

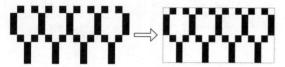

图 2-1-5 排列图案与建立选区

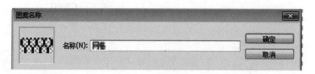

图 2-1-6 定义图案

10. 点击【图层面板】下面的【增加图层样式】按钮 fx，选择【图案叠加】，弹出对话框，设置【图案叠加】参数（图案选择自定【网格】图案，缩放 500％，图 2-1-7）得到效果（图 2-1-8）。

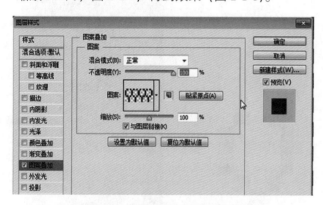

图 2-1-7 【增加图层样式】对话框

图 2-1-8 网格效果

11. 双击前景色按钮，弹出【拾色器】对话框，设置颜色（图 2-1-9）。

12. 切换至【图层】面板，点击【底色】图层，按快捷键【Alt＋Delete】填充前景色到图层，图层模式设置为【正片叠底】正片叠底，得到效果（图 2-1-10）。

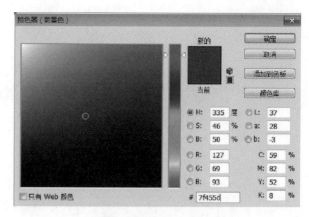

图 2-1-9 【拾色器】对话框

13. 按快捷键【Ctrl＋R】显示标尺，选择工具箱中的【移动】工具，设置面板左上角为零界点。

14. 从上标尺和左标尺位拉出参考线，参数分别为 5 厘米，得到效果（图 2-1-11）。

图 2-1-10 【正片叠底】效果　　图 2-1-11 设置参考线

15. 选择工具箱中的【自定形状】工具，形状选择【花型装饰 2】（图 2-1-12），绘制花型路径，按快捷键【Ctrl＋T】自由变换，结合【Shift】键设置图案大小为【3.5 厘米×3.5 厘米】（图 2-1-13），移动至中心位置，按【Enter】键确认变换。

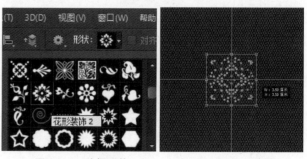

图 2-1-12 选择形状　　图 2-1-13 自由变换

16. 选择工具箱中的【移动】工具，从上标尺和左标尺位置继续拉出参考线，参数分别为【X：2.5 厘米；Y：7.5 厘米】【X：2.5 厘米；Y：7.5 厘米】，得到效果（图 2-1-14）。

17. 选择工具箱中的【路径选择】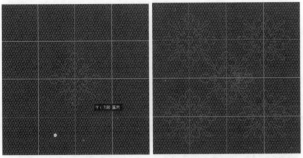工具，结合【Alt】键移动复制图案三次至合适位置，得到效果（图2-1-15）。

图2-1-14　设置参考线　　图2-1-15　【移动复制】效果

18. 按快捷键【Ctrl＋Enter】将路径转换为选区（图2-1-16），切换至图层面板，点击【大花】图层，按快捷键【Ctrl＋Delete】填充背景色（白色）到选区，按快捷键【Ctrl＋D】取消选择，得到效果（图2-1-17）。

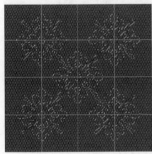

图2-1-16　建立选区　　图2-1-17　填充选区

19. 点击【图层面板】下面的【增加图层样式】按钮fx，选择【图案叠加】，弹出对话框，设置【图案叠加】参数（图案选择自定【网格】图案，缩放400％），得到效果（图2-1-18）。

20. 选择工具箱中的【自定形状】工具，形状选择【花型装饰2】，绘制花型路径，按快捷键【Ctrl＋T】自由变换，结合【Shift】键设置图案大小为【1.5厘米×1.5厘米】（图2-1-19），移动至合适位置，按快捷键【Enter】确认变换。

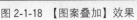

图2-1-18　【图案叠加】效果　　图2-1-19　自由变换路径

21. 选择工具箱中的【路径选择】工具，结合【Alt】键移动复制图案三次至合适位置，得到效果（图2-1-20）。

22. 按快捷键【Ctrl＋Enter】将路径转换为选区（图2-1-21），切换至图层面板，点击【小花】图层，按快捷键【Ctrl＋Delete】填充背景色（白色）到选区，按快捷键【Ctrl＋D】取消选择，得到效果（图2-1-22）。

图2-1-20　【移动复制】效果　　图2-1-21　建立选区

23. 点击【图层面板】下面的【增加图层样式】按钮fx，选择【图案叠加】，弹出对话框，设置【图案叠加】参数（图案选择自定【网格】图案，缩放300％），得到效果（图2-1-23）。

24. 选择工具箱中的【矩形选框】工具，结合【Shift】键建立正方形选区（图中红框位置，图2-1-24）。

图2-1-22　填充效果　　图2-1-23　【图案叠加】效果

图2-1-24　建立选区

25. 执行菜单【编辑/定义图案】命令，弹出对话框，命名为【蕾丝】（图 2-1-25），点击【确定】，按快捷键【Ctrl＋D】取消选择。

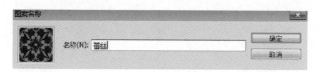

图 2-1-25 【定义图案】对话框

26. 执行菜单【文件/新建】命名或者按快捷键【Ctrl＋N】新建一个文件，设置名称为【蕾丝面料】（大小自定为 20 厘米×20 厘米），点击【确定】按钮。

27. 执行菜单【编辑/填充】，弹出对话框（图案选择自定【蕾丝】图案，图 2-1-26），点击【确定】按钮，得到效果（图 2-1-27）。

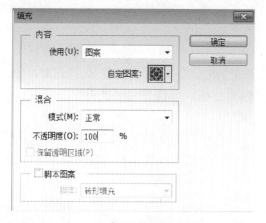

图 2-1-26 【图案填充】对话框

28. 在"第 11 步骤"时如果设置不同的颜色填充，就可得到不同颜色的蕾丝印花面料（图 2-1-28）。

29. 执行菜单【文件/另存为】或者按快捷键【Shift＋Ctrl＋S】，弹出对话框，【保存类型】选择 JPG 格式，文件名设置为【蕾丝】，点击【确定】，另存文件到目标文件夹。

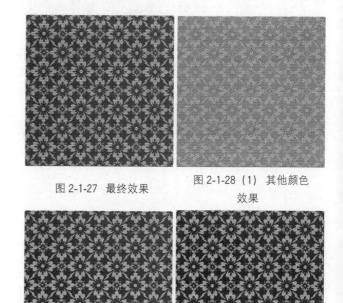

图 2-1-27 最终效果　　　　图 2-1-28（1）其他颜色效果

图 2-1-28（2）其他颜色效果　　　　图 2-1-28（3）其他颜色效果

第二节　格纹、花纹面料的绘制

格纹与花纹面料是常用的时装面料，要达到快速绘制格纹与花纹面料质感的技巧，需掌握以下主要操作及工具：定义图案、图案填充、定义画笔预设、自由变换、旋转、滤镜、【自定义形状】工具等。

一、格纹面料的绘制
（一）实例效果

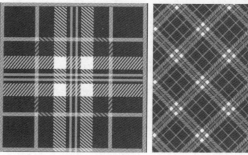

图 2-2-1 格纹面料的绘制实例效果

（二）操作步骤

1. 执行菜单【文件/新建】或者按住快捷键【Ctrl＋N】新建一个文件，设置名称为【格子面料】，点击【确定】按钮（图2-2-2）。

图2-2-2　新建文件　　　图2-2-3　新建图层

2. 切换至【图层】面板，点击图层面板下方【创建新图层】按钮6次，创建6个新图层并分别将名称修改为【底色】【色块】【短白线条】【红线条】【长白线条】【超短白线条】图层（图2-2-3）。

3. 选择工具箱中的【矩形】工具，设置矩形的固定大小，参数为【W：0.3厘米；H：1.5厘米】，绘制一个矩形，得到效果（图2-2-4）。

图2-2-4　绘制固定大小矩形

4. 选择工具箱中的【直接选择】工具，选择矩形上面两个描点向右拉动，参数变为右移0.8厘米时松开鼠标（图2-2-5），弹出对话框，点击【是】按钮（图2-2-6）。

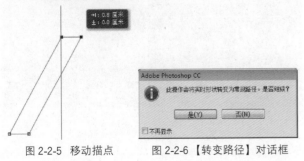

图2-2-5　移动描点　　图2-2-6　【转变路径】对话框

5. 按快捷键【Ctrl＋Enter】，将路径转换为选区（图2-2-7）。

图2-2-7　转换为选区　　　图2-2-9　填充选区

6. 双击前景色按钮，弹出【拾色器】对话框，设置颜色（图2-2-8）。

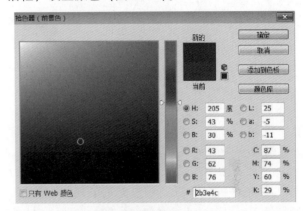

图2-2-8　【拾色器】对话框

7. 切换至图层面板，点击【底色】图层，按快捷键【Alt＋Delete】，将前景色填充到选区，得到效果（图2-2-9）。

8. 执行菜单【编辑/定义画笔预设】命令，弹出对话框，命名为【斜线】（图2-2-10），点击【确定】按钮。

图2-2-10　【定义画笔】对话框

9. 选择工具箱中的【矩形】工具，设置矩形的固定大小，参数为【W：0.3厘米；H：2.5厘米】，绘制一个矩形，得到效果（图2-2-11）。

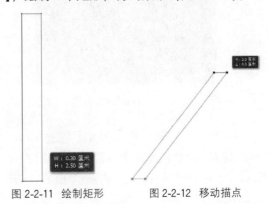

图2-2-11　绘制矩形　　　图2-2-12　移动描点

27

10. 选择工具箱中的【直接选择】⇢工具，选择矩形上面两个描点向右拉动，参数变为【右移2厘米】时松开鼠标，弹出对话框，点击【是】按钮，得到效果（图 2-2-12）。

11. 按快捷键【Ctrl＋Enter】，将路径转换为选区（图 2-2-13）。

12. 切换至图层面板，点击【底色】图层，按快捷键【Alt＋Delete】，将前景色填充到选区，得到效果（图 2-2-14）。

图 2-2-13　建立选区　　　图 2-2-14　填充选区

13. 执行菜单【编辑/定义画笔预设】命令，弹出对话框，命名为【长斜线】（图 2-2-15），点击【确定】按钮，按快捷键【Ctrl＋D】取消选择。

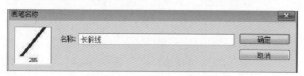

图 2-2-15　【定义画笔】对话框

14. 切换至图层面板，点击【底色】图层，按快捷键【Alt＋Delete】，将前景色填充【底色】图层，得到效果（图 2-2-16）。

图 2-2-16　【填充】效果

15. 选择工具箱中的【移动】⇢⊕工具，鼠标按住左键从标尺左上交叉点拉动至面板左上顶点（图 2-2-17），标尺零起点调整为面板边界（图 2-2-18）。

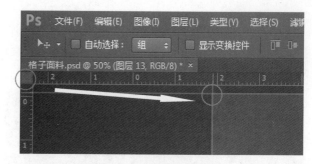

图 2-2-17　调整标尺零起点

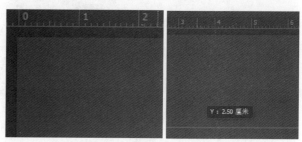

图 2-2-18　【标尺零起点】效果　　图 2-2-19　拉出参考线

16. 从上端标尺处用鼠标左键拉出参考线，标尺参数变为【Y：2.5 厘米】时松开鼠标，得到效果（图 2-2-19）。

17. 重复操作，拉出第二条横向参考线，跟顶端距离为 7.5 厘米（图 2-2-20）。

18. 从左端标尺处用鼠标左键拉出竖向参考线，标尺参数分别变为【X：2.5 厘米；Y：7.5 厘米】时松开鼠标，得到效果（图 2-2-21）。

19. 按照同样的方法拉出中心参考线，标尺参数分别变为【X：5 厘米；Y：5 厘米】时松开鼠标，得到效果（图 2-2-22）。

20. 点击【默认前景色和背景色】▣，点击【切换前景色和背景色】↻按钮，前景色转换为【白色】。

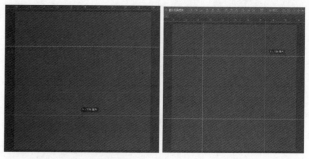

图 2-2-20　横向参考线　　　图 2-2-21　竖向参考线

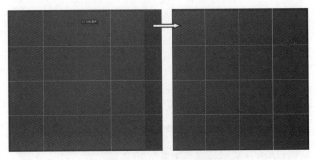

图 2-2-22 设置中心参考线

21. 选择工具箱中的【画笔】工具，选择自定义【斜线】画笔，点击【切换画笔面板】按钮，弹出【画笔面板】，设置参数（图 2-2-23）。

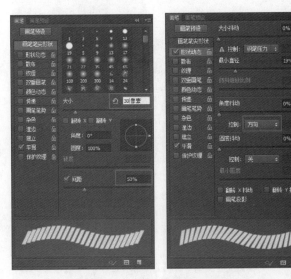

图 2-2-23 设置【切换画笔面板】

22. 切换至【图层】面板，单击【短白线条】图层，结合【Shift】键绘制横向直线，得到效果（图 2-2-24）。

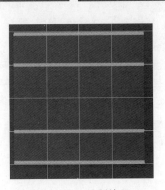

图 2-2-24 绘制效果

23. 点击【短白线条】图层，单击鼠标右键执行【复制图层】，弹出对话框，命名为【短白线条拷贝】。

24. 按快捷键【Ctrl＋T】自由变换，右击鼠标选择【旋转 90 度（顺时针）】（图 2-2-25），按【Enter】键确定变换，得到效果（图 2-2-26）。

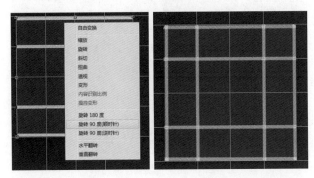

图 2-2-25【自由变换】对话框　　图 2-2-26【旋转】效果

25. 切换至【图层】面板，结合【Ctrl】键选择【短白线条】和【短白线条拷贝】图层，按快捷键【Ctrl＋E】合并图层，自动生成【短白线条拷贝】图层。

26. 双击前景色按钮，弹出【拾色器】对话框，设置颜色（图 2-2-27），点击【确定】按钮。

图 2-2-27【拾色器】对话框

27. 选择工具箱中的【画笔】工具，选择自定义【长斜线】画笔，点击【切换画笔面板】按钮，弹出【画笔面板】，设置参数（图 2-2-28）。

图 2-2-28 设置【切换画笔面板】

28. 切换至【图层】面板，单击【红线条】图层，结合【Shift】键绘制横向直线，得到效果（图 2-2-29）。

29. 点击【红线条】图层，单击鼠标右键执行【复制图层】，弹出对话框，命名为【红线条拷贝】。

30. 按快捷键【Ctrl＋T】进行自由变换，单击鼠标右键选择【旋转 90 度（顺时针）】，按【Enter】键确定变换，得到效果（图 2-2-30）。

图 2-2-29 绘制效果　图 2-2-30 【复制旋转】效果

31. 切换至【图层】面板，结合【Ctrl】键选择【红线条】和【红线条拷贝】图层，按快捷键【Ctrl＋E】合并图层，自动生成【红线条拷贝】图层。

32. 选择工具箱中的【矩形选框】工具，框选边缘多余"红色斜线"（黄色虚线区域，图 2-2-31），按【Delete】键删除，按快捷键【Ctrl＋D】取消选择，对四个边进行重复操作，得到效果（图 2-2-32）。

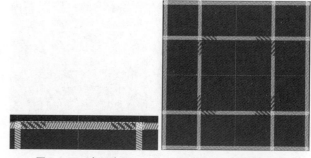

图 2-2-31 建立选区　　图 2-2-32 【删除】效果

33. 点击【默认前景色和背景色】，点击【切换前景色和背景色】按钮，将前景色转换为【白色】。

34. 选择工具箱中的【画笔】工具，选择自定义【长斜线】画笔，点击【切换画笔面板】按钮，弹出【画笔面板】，设置参数（图 2-2-33）。

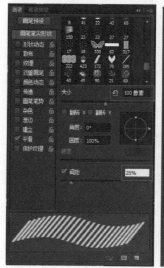

图 2-2-33 设置【切换画笔面板】

35. 切换至【图层】面板，单击【长白线条】图层，结合【Shift】键绘制横向直线，得到效果（图 2-2-34）。

36. 点击【长白线条】图层，单击鼠标右键执行【复制图层】，弹出对话框，命名为【长白线条拷贝】。

37. 按快捷键【Ctrl＋T】进行自由变换，右击鼠标选择【旋转 90 度（顺时针）】，按【Enter】键确定变换，得到效果（图 2-2-35）。

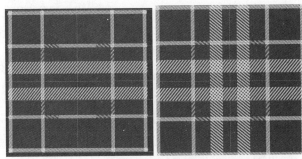

图 2-2-34 绘制效果　　图 2-2-35 【复制旋转】效果

38. 切换至【图层】面板，结合【Ctrl】键选择【长白线条】和【长白线条拷贝】图层，按快捷键【Ctrl＋E】合并图层，自动生成【长白线条拷贝】图层。

39. 选择工具箱【吸管】　工具，在【红色】上点击，前景色变为红色。

40. 选择工具箱中的【矩形选框】　工具，框选【线条交叉】方格，得到选区（黄色框区域，图 2-2-36）。

41. 切换至【图层】面板，点击【色块】图层，按快捷键【Alt＋Delete】，将前景色填充【色块】图层，按快捷键【Ctrl＋D】取消选择，得到效果（黄色框区域，图 2-2-37）。

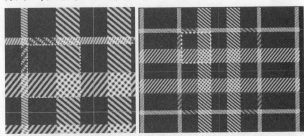

图 2-2-36 建立选区　　图 2-2-37 填充选区（黄框位置）

42. 重复操作 3 次，得到效果（图 2-2-38）。

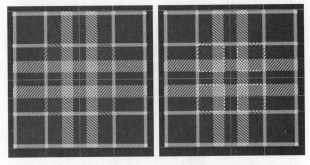

图 2-2-38 【填充】效果（右图黄框区域）

43. 点击【默认前景色和背景色】　，点击

【切换前景色和背景色】　按钮，前景色转换为【白色】。

44. 选择工具箱中的【矩形选框】　工具，框选【白色线条交叉】方格，得到选区（图 2-2-39）。

45. 切换至【图层】面板，点击【色块】图层，按快捷键【Alt＋Delete】，将前景色填充【色块】图层，按快捷键【Ctrl＋D】取消选择，重复操作 3 次，得到效果（图 2-2-40）。

图 2-2-39 建立选区　　图 2-2-40 填充选区

46. 选择工具箱中的【画笔】　工具，选择自定义【斜线】画笔，点击【切换画笔面板】　按钮，弹出【画笔面板】，设置参数（图 2-2-41）。

图 2-2-41 设置【切换画笔面板】

47. 切换至【图层】面板，点击【超短白线条】图层，结合【Shift】键绘制横竖四条直线（可结合参考线绘制），得到效果（图 2-2-42）。

48. 执行菜单【视图/显示/参考线】命令，隐藏参考线，得到效果（图 2-2-43）。

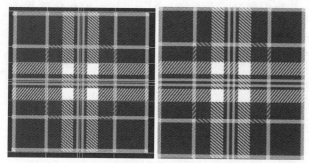

图 2-2-42 【绘制】效果　　　图 2-2-43 【隐藏参考线】效果

49. 选择工具箱中的【矩形选框】 工具，框选边缘，得到选区（图中黄色框区域，图 2-2-44）。

50. 切换至【图层】面板，分别点击【红线条】、【长白线条】、【超短白线条】图层，按【Delete】键删除多余的线条部分，按快捷键【Ctrl＋D】取消选择，得到效果（图 2-2-45）。

图 2-2-44 建立选区　　　图 2-2-45 【删除】效果

51. 切换至【图层】面板，结合【Shift】键选中除了【背景】图层的所有图层，按快捷键【Ctrl＋E】合并图层，自动生成【超短白线条】图层，修改图层名称为【格子面料】。

52. 执行菜单【图像/画布大小】命令，弹出对话框，修改画布大小为【W：20 厘米，H：20 厘米】（图 2-2-46），点击【确定】按钮，得到效果（图 2-2-47）。

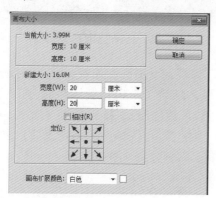

图 2-2-46 【画布大小】对话框

图 2-2-47 【画布大小】设置效果

53. 切换至【图层】面板，鼠标左键拉动【格子面料】图层至面板下方【创建新图层】 按钮，复制图层自动生成【格子面料拷贝】图层。

54. 重复操作复制【格子面料】图层，分别自动生成为【格子面料拷贝 2】【格子面料拷贝 3】。

55. 选择工具箱中的【移动】 工具，分别将四个图层移动到画板的四个角，使其排列整齐，得到效果（图 2-2-48）。

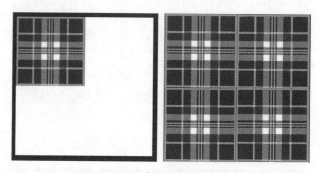

图 2-2-48 【复制移动】效果

56. 切换至【图层】面板，结合【Shift】键选中所有【格子面料】和所有【格子面料拷贝】图层，按快捷键【Ctrl＋E】合并图层，自动生成【格子面料拷贝 3】图层。

57. 按快捷键【Ctrl＋T】进行自由变换，在旋转角度上输入 △ 45 度，得到效果（图 2-2-49）。

58. 按住【Shift】键，成比例缩小【格子面料拷贝 3】图层至合适大小（图 2-2-50），按快捷键【Enter】确认变换。

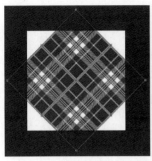 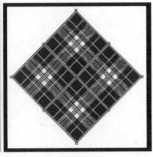

图 2-2-49 【自由变换】效果　　图 2-2-50 【成比例缩放】效果

59. 选择工具箱中的【矩形选框】工具，结合【Shift】键建立正方形选区（图 2-2-51）。

图 2-2-51 建立选区

60. 执行菜单【编辑/定义图案】命令，弹出对话框，设置名称为【格子面料】（图 2-2-52），点击【确定】按钮，按快捷键【Ctrl+D】取消选择。

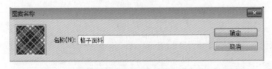

图 2-2-52 【定义图案】对话框

61. 执行菜单【编辑/填充】，弹出对话框，填充自定义图案【格子面料】，得到效果（图 2-2-53）。

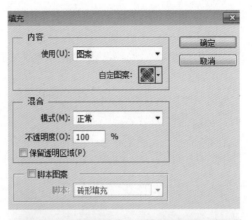

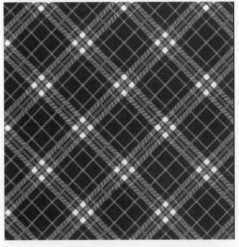

图 2-2-53 【填充图案】对话框及最终效果

62. 执行菜单【文件/另存为】或者按快捷键【Shift+Ctrl+S】，弹出对话框，【保存类型】选为 JPG 格式，文件名设置为【格子面料】，点击【确定】，另存文件到目标文件夹。

二、花纹面料的绘制

（一）实例效果

A. 千鸟格印花纹　　B. 文化元素印花纹

图 2-2-54 印花面料的绘制实例效果

（二）图 2-2-54 中 A 操作步骤

1. 执行菜单【文件/新建】或者按住快捷键

【Ctrl＋N】新建一个文件，设置参数，设置名称为【千鸟格】，点击【确定】按钮（图 2-2-55）。

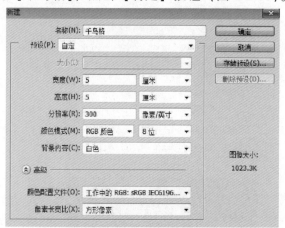

图 2-2-55　新建文件

2. 执行菜单【视图/显示/网格】命令，得到效果（图 2-2-56）。

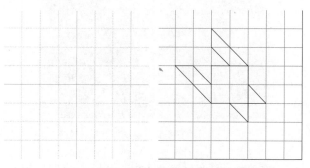

图 2-2-56【显示网格】效果　　图 2-2-57　绘制路径

3. 切换至【图层】面板，点击【图层】面板中的【创建新图层】按钮　，创建新图层并命名为【单元图案】图层。

4. 选择工具箱中的【矩形】　工具，根据网格绘制正中的正方形路径，选择工具箱中的【钢笔】　工具，绘制对角斜线路径，得到效果（图 2-2-57）。

5. 执行【路径操作】命令，选择【合并形状组建】，弹出对话框，选择【是】（图 2-2-58），得到效果（图 2-2-59）。

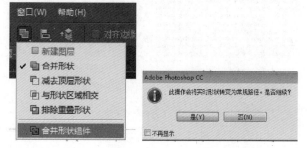

图 2-2-58【路径操作】及【转换路径】对话框

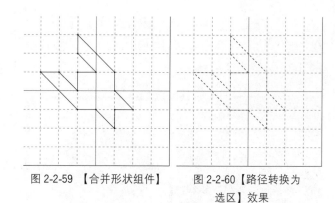

图 2-2-59【合并形状组件】　图 2-2-60【路径转换为选区】效果

6. 按快捷键【Ctrl＋Enter】将路径转化为选区，得到效果（图 2-2-60）。

7. 点击【默认前景色和背景色】　，设置前景色为【黑色】。按快捷键【Ait＋Delete】填充前景色至【单元图案】图层的选区，得到效果（图 2-2-61）。

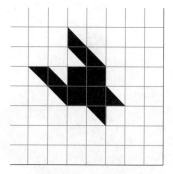

图 2-2-61　填充选区

8. 执行菜单【编辑/定义图案】命令，弹出对话框，名称设为【千鸟格】，点击【确定】按钮（图 2-2-62），按快捷键【Ctrl＋D】取消选择。

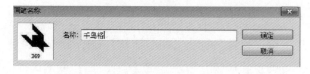

图 2-2-62【定义画笔】对话框

9. 切换至【图层】面板，删除【单元图案】图层，点击【图层】面板中的【创建新图层】按钮　，创建新图层并命名为【图案】。

10. 选择工具箱中的【画笔】　工具，选择自定【千鸟格】画笔　，点击【切换画笔面板】　按钮，设置画笔参数（图 2-2-63），结合【Shift】键参考网格线在【图案】图层绘制，得到效果（图 2-2-64）。

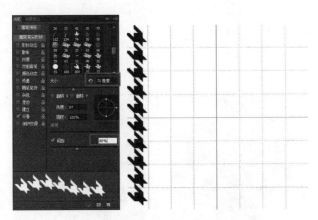

图 2-2-63　设置画笔参数　　　　图 2-2-64　绘制效果

11. 选择工具箱中的【魔术棒】工具，取消勾选【连续】，点击绘制的图案，建立选区。

12. 执行菜单【编辑/定义画笔预设】命令，弹出对话框，名称设为【千鸟格2】，点击【确定】按钮（图 2-2-65），按快捷键【Ctrl＋D】取消选择。

13. 切换至【图层】面板，删除【图案】图层，点击【图层】面板中的【创建新图层】按钮，创建新图层并命名为【花纹】。

14. 选择工具箱中的【画笔】工具，选择自定【千鸟格2】画笔，点击【切换画笔面板】按钮，设置画笔参数（图 2-2-66），结合【Shift】键参考网格线在【花纹】图层绘制，得到效果（图 2-2-67）。

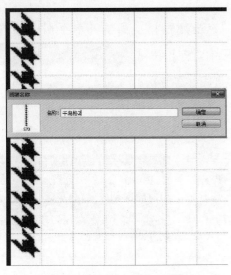

图 2-2-65　【定义画笔】对话框

图 2-2-66　设置画笔参数

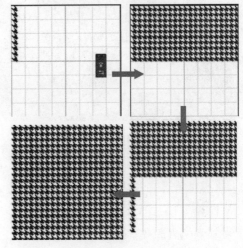

图 2-2-67　绘制效果

15. 执行菜单【视图/显示/网格】命令，隐藏网格线，得到效果（图 2-2-68）。

图 2-2-68　最终效果

16. 执行菜单【文件/另存为】或者按快捷键【Shift＋Ctrl＋S】，弹出对话框，选择 JPG 格式，设置文件名为【千鸟格】，点击【确定】，另存文件到目标文件夹。

（三）图 2-2-54 中 B 操作步骤

1. 执行菜单【文件/新建】或者按快捷键【Ctrl＋N】新建一个文件，设置参数，设置名称为【印花面料】，点击【确定】按钮（图 2-2-69）。

2. 切换至【图层】面板，点击图层面板下方的【创建新图层】按钮，创建新图层，关闭【背景】图层前面的"眼睛"，隐藏【背景】图层（图 2-2-70）。

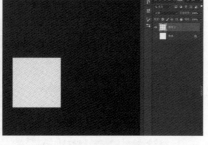

图 2-2-69　新建 文件　　　　　　　图 2-2-70　【隐藏图层】效果

3. 执行菜单【文件/置入嵌入对象】命令，置入"瑶族图案"图片（图 2-2-71），点击【Enter】确认，得到效果（图 2-2-72）。

4. 切换至【图层】面板，鼠标右击选择【栅格化图层】，并命名为【瑶族图案】图层。

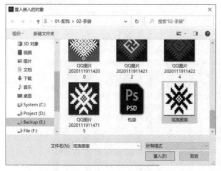

图 2-2-71　【置入图片】对话框　　　图 2-2-72　【置入图片】效果

5. 选择工具箱的【魔术棒】工具，取消【连续】的选择，点击"瑶族图案"空白处

建立选区（图 2-2-73）。按【Delete】键删除选区，按快捷键【Ctrl＋D】取消选择，得到效果（图 2-2-74）。

图 2-2-73　建立选区　　　图 2-2-74　【删除】效果

6. 按快捷键【Ctrl＋T】自由变换，修改置入图片的尺寸，长宽调整为相等参数，在属性栏设置图片比例设置为 50% ，点击【Enter】确认，得到效果（图 2-2-75）。

7. 点击选择工具，切换至【图层】面板，结合【Shift】键选择【瑶族图案】和【背景】图层（图 2-2-76）。

图 2-2-75　【修改 尺寸】效果　　　　图 2-2-76　选择图层

8. 点击属性栏上面的【水平居中对齐】和【垂直居中对齐】按钮，得到效果（图 2-2-77）。

9. 复制一个【瑶族图案】图层，自动生产【瑶族图案拷贝】图层（图 2-2-78）。

图 2-2-77　【对齐】效果　　　　图 2-2-78　复制图层

10. 执行【滤镜/其他/位移】，弹出对话框，设置参数（图 2-2-79），点击【确定】按钮，得到效果（图 2-2-80）。

图 2-2-79 【位移】对话框　　图 2-2-80 【位移】效果

11. 按快捷键【Ctrl＋A】全选，执行菜单【编辑/定义图案】命令，弹出对话框，命名为【瑶族单元图案】(图 2-2-81)，点击【确定】按钮，按快捷键【Ctrl＋D】取消选择。

图 2-2-81 【定义图案】对话框

12. 执行菜单【文件/新建】或者按快捷键【Ctrl＋N】新建一个文件，设置参数（20 厘米×20 厘米，分辨率为 300 像素/英寸），点击【确定】按钮。

13. 执行菜单【编辑/填充】命名，弹出对话框，选择自定【印花图案】，点击【确定】按钮(图 2-2-82)，得到效果（图 2-2-83）。

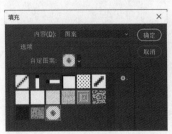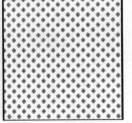

图 2-2-82 【填充图案】对话框　　图 2-2-83　完成效果

14. 执行菜单【文件/另存为】或者按快捷键【Shift＋Ctrl＋S】，弹出对话框，选择 JPG 格式，

设置文件名为【印花图案】，将文件另存到目标文件夹。

15. 按快捷键【Ctrl＋U】可以改变图案的【色相/饱和度/明度】，按【Enter】键确定，得到不同颜色的图案填充效果（图 2-2-84）。

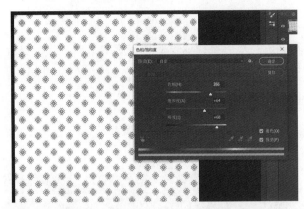

图 2-2-84 【色相/饱和度】对话框及效果

16. 备注：若要改变填充图案的大小，则可以点击新建的图层"填充"下方的【添加图层样式】 **fx.** 按钮，调整图案的缩放比例（图 2-2-85）。

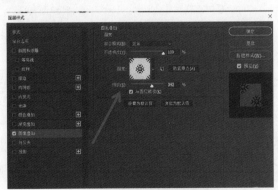

图 2-2-85 【图层样式】对话框及缩放效果

第三节 裘皮、针织面料的绘制

裘皮和针织面料具有蓬松、无硬性转折、体积感强的特点。掌握以下主要操作及工具：【滤镜】、【色阶】、【混合模式】设置、【亮度/对比度】及【涂抹】 工具等。

一、裘皮、针织面料的绘制

（一）实例效果

A. 裘皮面料 　　　　　　　B. 针织面料

图 2-3-1 裘皮、针织面料的绘制实例效果

（二）图 2-3-1 中 A 操作步骤

1. 执行菜单【文件/新建】或者按住快捷键【Ctrl＋N】新建一个文件，设置名称为【皮毛】，点击【确定】按钮（图 2-3-2）。

2. 点击【默认前景色和背景色】 （前景色为"黑色"，背景色为"白色"），执行菜单【滤镜/渲染/云彩】命令，得到效果（图 2-3-3）。

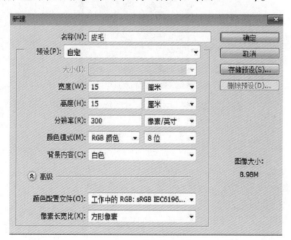

图 2-3-2 新建文件

图 2-3-3 【云彩】效果 　　图 2-3-4 新建通道

3. 切换至【图层】面板，鼠标左键拖【背景】图层至图层面板下方【创建新图层】 按钮处，自动生成【背景拷贝图层】。

4. 切换至【通道】面板，点击通道面板下方【创建新通道】 按钮，创建【Alpha1】新通道（图 2-3-4）。

5. 执行菜单【滤镜/杂色/添加杂色】命令，弹出对话框，设置参数，点击确定，得到效果（图 2-3-5）。

图 2-3-5 【添加杂色】对话框及效果

6. 执行菜单【滤镜/模糊/动感模糊】命令，弹出对话框，设置参数（图 2-3-6），点击确定，得到效果（图 2-3-7）。

7. 执行菜单【图像/调整/色阶】命令，弹出对话框，设置参数（图 2-3-8），点击确定，得到效果（图 2-3-9）。

图 2-3-6 【动感模糊】对话框　　图 2-3-7 【动感模糊】效果

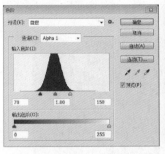

图 2-3-8 【色阶】对话框　　　图 2-3-9 【色阶】效果

8. 执行菜单【滤镜/扭曲/旋转扭曲】命令，弹出对话框，设置参数（图 2-3-10），点击确定，得到效果（图 2-3-11）。

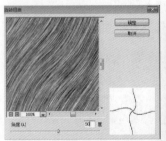

图 2-3-10 【旋转扭曲】对话框　图 2-3-11 【旋转扭曲】效果

9. 执行菜单【选择/载入选区】命令，弹出对话框，设置参数（图 2-3-12），点击确定，得到效果（图 2-3-13）。

图 2-3-12 【载入选区】对话框　　图 2-3-13 【载入选区】
效果

10. 切换至【图层】面板，点击【背景拷贝】图层，显示效果（图 2-3-14），按【Delete】键删除选区部分，按快捷键【Ctrl＋D】取消选择，得

到效果（图 2-3-15），调整【背景拷贝】图层混合模式为【差值】，得到效果（图 2-3-16）。

图 2-3-14 建立选区　　　图 2-3-15 【删除】效果

图 2-3-16 【混合模式】设置及效果

11. 切换至【图层】面板，结合【Ctrl】键选择【背景】和【背景拷贝】图层，按快捷键【Ctrl＋E】合并图层。按快捷键【Ctrl＋U】弹出【色相/饱和度】对话框，设置参数，点击确定，得到效果（图 2-3-17）。

图 2-3-17 【色相/饱和度】对话框及效果

12. 执行菜单【图像/调整/"亮度/对比度"】命令，弹出对话框，设置参数，点击确定，得到效果（图 2-3-18）。

图 2-3-18 【亮度/对比度】对话框及效果

13. 选择工具箱中的【裁剪】工具，略裁

剪不规格边缘，得到效果（图 2-3-19）。

图 2-3-19 【裁剪】效果　图 2-3-20 【画布大小】对话框

14. 执行菜单【图像/画布大小】，弹出对话框，设置参数（图 2-3-20），得到效果（图 2-3-21）。

15. 选择工具箱中的【涂抹】工具，设置强度为 50%，涂抹毛须效果（按键盘上的左括号键【[】和右括号键【]】调整涂抹工具的大小），得到效果（图 2-3-22）。

图 2-3-21 【画布大小】效果　　图 2-3-22 【涂抹】效果

（三）图 2-3-1 中 B 操作步骤

1. 点击【默认前景色和背景色】按钮，点击【切换前景色和背景色】按钮，背景色转换为"黑色"。

2. 执行菜单【文件/新建】或者按快捷键【Ctrl＋N】新建一个文件，设置参数（图 2-3-23），命名为【针织面料】，点击【确定】按钮。

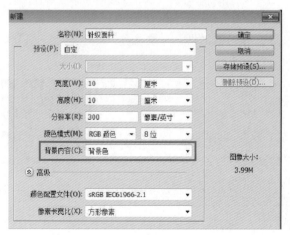

图 2-3-23 新建文件

3. 切换至【图层】面板，点击【图层】面板中的【创建新图层】按钮 5 次，创建 5 个新图层并分别命名为【底色】、【白色纹】、【红色纹】、【小菱形纹】、【大菱形纹】。

4. 切换至【图层】面板，点击【背景】图层，选择工具箱中的【钢笔】工具，绘制路径（图 2-3-24）。切换至【路径】面板，双击【工作路径】储存路径，弹出对话框，命名为【针织纹】，点击【确定】按钮。

5. 按快捷键【Ctrl＋Enter】将路径转换为选区（图 2-3-25）。

图 2-3-24 绘制路径　　图 2-3-25 路径转换为选区

6. 双击【前景色和背景色】，设置前景色（图 2-3-26），点击【确定】按钮。

图 2-3-26 【拾色器】面板

7. 按快捷键【Alt＋Delete】填充前景色到选区，得到效果（图 2-3-27）。

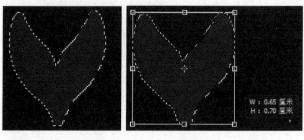

图 2-3-27 填充选区　　图 2-3-28 变换效果

8. 按快捷键【Ctrl＋T】变换选区，参数变为【W：0.65厘米；H：0.7厘米】时松开鼠标（图2-3-28），按快捷键【Enter】确认变换。

9. 执行菜单【编辑/定义画笔预设】命令，弹出对话框，命名为【针织】，点击【确定】按钮（图2-3-29）。

图 2-3-29 【定义画笔】对话框

图 2-3-30 设置零界点

10. 按快捷键【Ctrl＋D】取消选择，按快捷键【Ctrl＋Delete】背景色（黑色）填充【背景】图层（覆盖图案的作用）。

11. 按快捷键【Ctrl＋R】显示标尺，将面板左上角设置为零界位（图中小圈拉到大圈点，图2-3-30）。

图 2-3-31 参考线设置

图 2-3-32 【切换画笔面板】对话框

12. 选择工具箱中的【移动】工具，从标尺顶端和左边拉动参考线，参考数值显示为图中数值时松开鼠标，得到效果（图2-3-31）。

13. 选择自定【针织】画笔，点击【切换画笔面板】按钮，弹出对话框，设置【画笔笔尖形状】中画笔参数（笔尖大小为30像素，间距为100%）（图2-3-32）。

14. 切换至【图层】面板，点击【底色】图层，结合【Shift】键绘制"针织底纹"（图2-3-33）。

15. 选择工具箱中的【钢笔】工具，在属性栏中选择【路径】选项，结合参考线绘制路径（图2-3-34）。

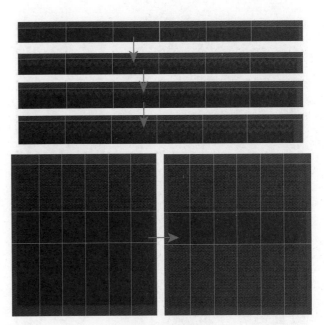

图 2-3-33 绘制步骤

图 2-3-34 绘制路径　　　图 2-3-35 绘制效果

16. 点击【默认前景色和背景色】按钮，点击【切换前景色和背景色】按钮，前景色转换为"白色"。

17. 选择工具箱中的【画笔】工具（画笔参数不变），切换至【图层】面板，点击【白色纹】图层，结合【Shift】键绘制"白色针织纹"（图2-3-35）。

18. 双击【前景色和背景色】，设置前景色，点击【确定】按钮（图2-3-36）。

19. 切换至【图层】面板，点击【红色纹】图层，选择工具箱中的【画笔】工具，一个个地对齐绘制"红色针织纹"（图2-3-37）。

图 2-3-36 【拾色器】面板

图 2-3-37 绘制
效果

20. 选择工具箱【吸管】工具 ，在"蓝色"上点击，前景色变为"蓝色"。

21. 切换至【图层】面板，点击【底色】图层，选择自定【针织】画笔，点击【切换画笔面板】 按钮，弹出对话框，设置【画笔笔尖形状】中画笔参数（笔尖大小为 30 像素，间距为 80％）（图 2-3-38），结合【Shift】键竖向绘制，得到效果（图 2-3-39）。

图 2-3-38 设置画笔　　　图 2-3-39 绘制效果

22. 选择工具箱【吸管】工具 ，在"红色"上点击，前景色变为"红色"。

23. 切换至【图层】面板，点击【红色纹】图层，选择工具箱中的【画笔】 工具，画笔参数（笔尖大小为 30 像素，间距为 80％）不变，一个一个对齐地绘制红色纹，得到效果（图 2-3-40）。

24. 点击【默认前景色和背景色】按钮 ，点击【切换前景色和背景色】 按钮，前景色转换为"白色"。

25. 切换至【图层】面板，点击【白色纹】图层，选择工具箱中的【画笔】 工具，画笔参数不变（笔尖大小为 30 像素，间距为 80％），结合

【Shift】键竖向绘制，得到效果（图 2-3-41）。

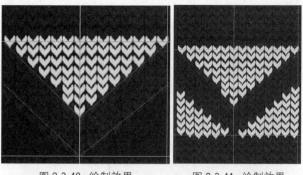

图 2-3-40 绘制效果　　　图 2-3-41 绘制效果

26. 切换至【图层】面板，点击【小菱形纹】图层，结合【Shift】键继续竖向绘制白色花纹图案，得到效果（图 2-3-42）。

27. 复制【小菱形纹】图层，自定生成【小菱形纹拷贝】图层。选择工具箱中的【移动】工具 ，移动【小菱形纹拷贝】图层至合适位置，得到效果（图 2-3-43）。

图 2-3-42 绘制效果　　　图 2-3-43 复
制移动效果

28. 选择工具箱中的【画笔】 工具，选择自定【针织】画笔，点击【切换画笔面板】 按钮，弹出对话框，设置【画笔笔尖形状】中画笔参数（笔尖大小为 30 像素，间距为 200％）（图 2-3-44）。

29. 切换至【图层】面板，点击【白色纹】图层，结合【Shift】键竖向绘制，得到效果（图 2-3-45）。

30. 选择工具箱中的【矩形】工具，结合【Shift】键绘制一个正方形，按快捷键【Ctrl＋T】自由变换，旋转角度输入 45 度，按【Enter】键确认变换，弹出对话框，点击【是】，得到效果（图 2-3-46）。

31. 再次按快捷键【Ctrl＋T】自由变换，参考数值变为【W：3 厘米，H：3 厘米】时松开鼠标，按【Enter】键确认变换，移动至合适位置，得到效果（图 2-3-47）。

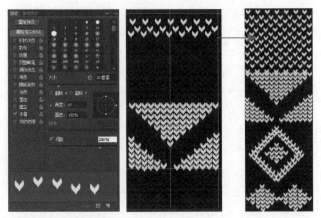

图 2-3-44　设置画笔　　　图 2-3-45　绘制效果

图 2-3-48　描边效果

34. 按快捷键【Ctrl＋T】自由变换，修改比例参数（W/H 均设置为 60％），按【Enter】键确认变换。选择工具箱中的【画笔】工具（参数不变），按【Enter】键描边路径，得到效果（图 2-3-49）。

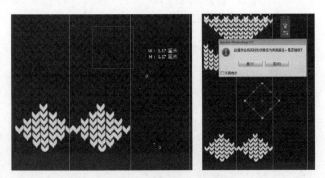

图 2-3-46　绘制并旋转矩形

图 2-3-49　缩小矩形及描边效果

35. 再次按快捷键【Ctrl＋T】进行自由变换，修改比例参数（W/H 均设置为 120％），按【Enter】键确认变换（图 2-3-50）。

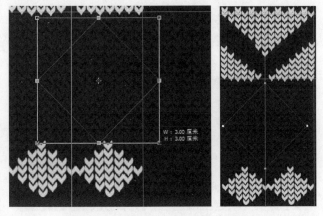

图 2-3-47　变换矩形大小及移动矩形效果

32. 选择工具箱中的【画笔】工具，选择自定【针织】画笔，点击【切换画笔面板】按钮，弹出对话框，设置【画笔笔尖形状】中画笔参数（笔尖大小为 30 像素，间距为 100％）。

33. 切换至【图层】面板，点击【红色纹】图层，按【Enter】键描边路径，得到效果（图 2-3-48）。

图 2-3-50　放大矩形

36．点击【默认前景色和背景色】🔲 按钮，点击【切换前景色和背景色】↴ 按钮，前景色转换为【白色】。

37．切换至【图层】面板，点击【白色纹】图层，选择工具箱中的【画笔】✐ 工具（参数不变），按【Enter】键描边路径。重复操作，得到效果（图 2-3-51）。

图 2-3-51 描边效果

38．选择工具箱中的【画笔】✐ 工具（参数不变），结合【Shift】键绘制菱形内的图案，得到效果（图 2-3-52）。

图 2-3-52 绘制效果

39．切换至【图层】面板，选择除了【背景】和【底色】图层的所有图层，按快捷键【Ctrl＋G】组成组，命名为【花纹】组。

40．复制【花纹】组两次，自定生成【纹路拷贝】和【纹路拷贝 2】组。

41．选择工具箱中的【移动】✛ 工具，移动【纹路拷贝】和【纹路拷贝 2】组至合适位置，得到效果（图 2-3-53）。

42．执行菜单【视图/显示/参考线】命令，隐藏参考线，得到效果（图 2-3-54）。

图 2-3-53 复制移动组　　图 2-3-54 隐藏参考线

43．结合【Shift】键选中所有的图层，按快捷键【Ctrl＋E】合并所有图层。按快捷键【Ctrl＋A】全选，执行菜单【编辑/定义图案】命令，弹出对话框，命名为【针织面料】，点击【确定】按钮（图 2-3-55）。

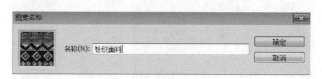

图 2-3-55 【定义图案】对话框

44．执行菜单【文件/新建】或者按快捷键【Ctrl＋N】新建一个文件，设置参数（大小为 20 厘米×20 厘米，分辨率为 300 像素/英寸），点击【确定】按钮。

45．执行菜单【编辑/填充】命令，弹出对话框，选择自定图案【针织面料】，点击确定，得到效果（图 2-3-56）。

图 2-3-56 【填充图案】对话框及效果

46．执行菜单【文件/另存为】或者按快捷键【Shift＋Ctrl＋S】，弹出对话框，选择 JPG 格式，设置文件名为【针织面料】，点击【确定】，另存文件到目标文件夹。

本章小结

　　本章以蕾丝、丝绸、格子、针织、裘皮及印花等常见面料的绘制为例来讲解，同时也为后面的服装设计效果图绘制做好铺垫。

　　绘图操作技巧提示：

　　1. 可以通过【图案叠加】来填充图案，可以通过【定义画笔】绘制图案，也可以用【自定义形状】中的图案直接绘制【印花图案】，执行【编辑/定义图案】及【编辑/填充】命令，可将单元素图案填充到整个面料中。

　　2. 通过【不透明度】面板，可以设置对象的不同透明度值，执行【滤镜】的不同命令，可以得到不同的视觉效果。

思考练习题

　　1. 学习如何绘制方格、迷彩、泡泡纱、针织、蛇皮及其他各种印花等面料。

　　2. 完成下图的绘制。知识要点如下：

　　方格面料、针织面料参考步骤：执行【编辑/定义画笔】、【画笔/参数设置】；印花面料参考步骤：执行【编辑/定义图案】、【编辑/图案填充】；迷彩面料参考步骤：执行【滤镜/杂色/添加杂色】、【滤镜/像素化/晶格化】及【滤镜/杂色/中间值】命令；泡泡纱面料参考步骤：执行【滤镜/杂色/添加杂色】、【滤镜/其他/位移】及【滤镜/扭曲/波纹】命令；蛇皮面料参考步骤：执行【滤镜/渲染/云彩】、【滤镜/纹理/染色玻璃】命令。

第三章
服饰配件的绘制

　　服饰配件主要包括头饰、颈饰、腰饰、腕饰以及鞋、包袋等，在服装的整体造型中起着重要的作用。每种配件的造型种类繁多、材质不一，在绘制过程中要把握好不同配饰的造型特征，选择表现不同材质的绘制方法进行绘制。本章案例中将包袋文创产品与瑶族文化元素进行有机结合，提升了中华文化的影响力。绘制时要熟练地综合运用画笔、钢笔、自由变换、添加图层样式、滤镜等工具，实现最终效果。

第一节　帽子的绘制

一、实例效果

图 3-1-1　帽子的绘制实例效果

二、操作步骤

（一）第一阶段：绘制线稿

1. 执行菜单【文件/新建】或者按住快捷键【Ctrl＋N】新建一个文件，设置名称为【帽子】，宽度和高度都设置为 10 厘米，分辨率为 300 像素/英寸，背景为白色，点击【确定】按钮。

2. 选择工具箱中的【钢笔】 工具，绘制"帽子"路径（图 3-1-2）。切换至【路径】面板，双击【工作路径】储存路径，弹出对话框，命名为【帽子】，点击【确定】按钮。

3. 切换至【图层】面板，点击【图层】面板中的【创建新图层】 按钮 3 次，创建 3 个新图层并分别命名为【线稿】【帽檐】【帽顶】。

4. 选择工具箱中的【画笔】 工具，选择画笔并设置画笔参数（图 3-1-3）。点击【默认前景色和背景色】 ，设置前景色为"黑色"。

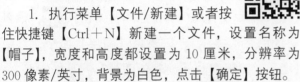

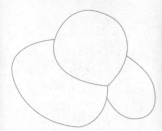

图 3-1-2　绘制路径

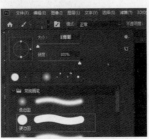

图 3-1-3　设置画笔参数

5. 切换至【图层】面板，点击【线稿】图层。选择工具箱中的【路径选择】 工具，在画板空白处鼠标右击，选择【描边路径】，弹出对话框，选择画笔，取消"模拟压力"的选择（图 3-1-4），点击【确定】，描边路径，得到效果（图 3-1-5）。切换至【路径】面板，点击路径面板空白处，取消"帽子"路径的选择。

图 3-1-4　【描边路径】对话框

图 3-1-5　描边路径

小提示：若采用手绘板绘制效果图线稿，则可以忽略步骤 2～步骤 5，运用手绘板直接选择【画笔】工具 绘制线稿。

（二）第二阶段：帽子上色

6. 点击【线稿】图层，选择工具箱中的【魔棒】工具 ，按住【Shift】键，建立"帽檐"的选区（图 3-1-6）。

7. 执行【菜单/选择/修改/扩展】命令，扩展选区 1 像素（图 3-1-7），得到效果。

图 3-1-6　建立选区

图 3-1-7　【扩展选区】对话框

8. 双击前景色按钮 ，弹出【拾色器】面板，设置颜色。按快捷键【Alt＋Delete】，将前景色填充到【帽檐】图层。按【Ctrl＋D】键取消选择，得到效果（图 3-1-8）。

9. 点击【线稿】图层，选择工具箱中的【魔棒】工具 ，建立"帽顶"的选区（图 3-1-9）。

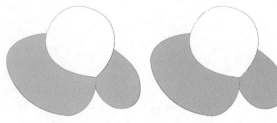

图 3-1-8 填充选区　　　图 3-1-9 建立选区

10. 切换至【图层】面板，点击【帽顶】图层。按快捷键【Alt＋Delete】，将前景色填充到【帽顶】图层。按【Ctrl＋D】键取消选择，得到效果（图 3-1-10）。

11. 执行【菜单/文件/置入嵌入对象】命令，置入"草编面料"的 JPG 格式图片（图 3-1-11），调整其图层顺序至【帽檐】图层上面。

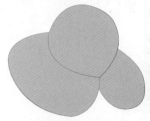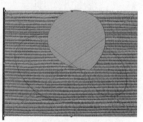

图 3-1-10 填充选区　　　图 3-1-11 置入图片效果

12. 按快捷键【Ctrl＋T】自由变换，调整【草编面料】的大小和位置，按【Enter】键确定。

13. 按快捷键【Ctrl＋Alt＋G】创建剪切蒙版，得到效果（图 3-1-12），鼠标右击选择【栅格化图层】，将置入的【草编面料】JPG 格式图片的图层栅格化，并命名为【草编面料】图层。

14. 执行【菜单/滤镜/扭曲/极坐标】命令（图 3-1-13），得到效果（图 3-1-14），移动至合适位置，得到效果（图 3-1-15）。

图 3-1-12 【剪切蒙版】效果　　　图 3-1-13 【极坐标】面板

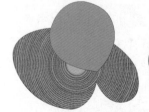

图 3-1-14 【极坐标】效果　　　图 3-1-15 调整效果

15. 切换至【图层】面板，复制一个【草编面料】图层（图 3-1-16），重复操作，建立【帽顶】图层的剪切蒙版并调整至合适位置，得到效果（图 3-1-17）。

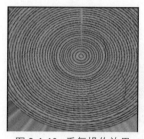

图 3-1-16 重复操作效果　　　图 3-1-17 调整效果

（三）第三阶段：绘制蝴蝶结

16. 关闭两个【草编面料】图层前面的"眼睛" ![eye icon]，隐藏图层。选择工具箱中的【钢笔】 ![pen icon] 工具，绘制"蝴蝶结"路径（图 3-1-18）。切换至【路径】面板，双击【工作路径】储存路径，弹出对话框，命名为【蝴蝶结】，点击【确定】按钮。

17. 点击【默认前景色和背景色】 ![icon]，设置前景色为"黑色"。切换至【图层】面板，点击【图层】面板中的【创建新图层】 ![icon] 按钮两次，创建两个新图层并分别命名为【蝴蝶结线稿】【蝴蝶结】。

18. 点击【蝴蝶结线稿】图层。选择工具箱中的【路径选择】 ![icon] 工具，在画板空白处鼠标右击，选择【描边路径】，弹出对话框，选择画笔，点击【确定】，切换至【路径】面板，点击路径面板空白处，取消"蝴蝶结"路径的选择，得到效果（图 3-1-19）。

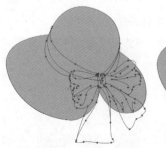

图 3-1-18 绘制路径　　　图 3-1-19 描边路径

19. 点击【蝴蝶结线稿】图层，选择工具箱中的【魔棒】 工具，建立"蝴蝶结"的选区（图3-1-20）。

20. 执行【菜单/选择/修改/扩展】命令，扩展选区1像素，得到效果（图3-1-21）。

图3-1-20　建立选区　　　图3-1-21　扩展选区

21. 点击【蝴蝶结】图层。双击前景色按钮，弹出【拾色器】面板，设置颜色（粉色）。按快捷键【Alt+Delete】，将前景色填充到【蝴蝶结】图层。按【Ctrl+D】键取消选择，得到效果（图3-1-22）。

22. 切换至【图层】面板，点击【图层】面板中的【创建新图层】 按钮3次，创建3个新图层，并将其分别命名为【蝴蝶结明暗】、【帽檐明暗】、【帽顶明暗】，调整其图层顺序至【蝴蝶结】【帽檐】【帽顶】图层上面。然后分别按快捷键【Ctrl+Alt+G】创建剪切蒙版。

23. 打开图层【草编面料拷贝】前面的眼睛 ，双击前景色按钮，弹出【拾色器】面板，设置颜色用【吸管】工具吸取颜色（图3-1-23）。

图3-1-22　填充选区　　　图3-1-23　【拾色器】对话框

24. 选择工具箱【画笔】 工具，设置画笔参数（选择"硬边圆"画笔，大小为30像素），在【帽檐明暗】图层上绘制帽檐的明暗（图3-1-24）。

25. 切换至【图层】面板，打开【草编面料】图层前面的"眼睛"图标 ，设置图层属性为【正片叠底】，得到效果（图3-1-25）。

图3-1-24　绘制效果　　　图3-1-25　【正片叠底】效果

26. 重复操作，在【帽顶明暗】图层上绘制帽顶的明暗，得到帽顶明暗效果（图3-1-26）。

27. 切换至【图层】面板，调整【蝴蝶结】图层的不透明度为70％，得到效果（图3-1-27）

图3-1-26　帽顶明暗效果　　　图3-1-27　【调整不透明度】效果

28. 双击前景色按钮，弹出【拾色器】面板，设置颜色（图3-1-28）。

29. 选择工具箱【画笔】 工具，在【蝴蝶结明暗】图层上绘制"蝴蝶结"的明暗（图3-1-29）。

图3-1-28　【拾色器】对话框　　　图3-1-29　绘制效果

30. 双击前景色按钮，弹出【拾色器】面板，设置颜色（图3-1-30）。可以选择不同深浅的"红色"，增加"蝴蝶结"明暗的层次感。

31. 选择工具箱【画笔】 工具（可以根据效果要求不断调整画笔的透明度和大小来绘制），加强绘制"蝴蝶结"的明暗（图3-1-31）。

图 3-1-30 【拾色器】对话框　　　图 3-1-31　绘制效果

32. 选择工具箱中的【涂抹】 工具

，制
造柔和的明暗效果，得到效果（图 13-3-32）。

33. 点击【默认前景色和背景色】 ，按快捷键【X】将前景色置换为"白色"。

34. 选择工具箱【画笔】 工具，设置画笔参数（选择"柔边圆"画笔，可以根据效果要求不断调整画笔大小），绘制"蝴蝶结"的高光（图 3-1-33）。

图 3-1-32 【涂抹】效果　　　图 3-1-33　绘制效果

35. 切换至【图层】面板，点击【图层】面板中的【创建新图层】 按钮，创建一个新图层并将其命名为【圆点】图层。

36. 点击【默认前景色和背景色】 ，将前景色置换为"黑色"。

37. 选择工具箱【画笔】 工具（选择"硬边圆"画笔，大小根据不同大小圆点进行设置），绘制"圆点"，得到效果（图 3-1-34）。

38. 切换至【图层】面板，按住【Ctrl】键点击【帽檐】图层，建立"帽檐"的选区（图 3-1-35）。

图 3-1-34 绘制效果　　　图 3-1-35 建立选区

39. 执行【菜单/编辑/描边】命令，设置描边参数（图 3-1-36）。点击【确定】，得到效果（图 3-1-37）。

图 3-1-36 【描边】对话框　　图 3-1-37 【描边】效果

40. 切换至【图层】面板，结合【Shift】键选择除了【背景】图层的所有图层，按快捷键【Ctrl＋G】建立组，并命名为【帽子】组（图 3-1-38）。

41. 复制【帽子】组，鼠标右击选择【合并组】，自动生成【帽子拷贝】图层（图 3-1-39）。

图 3-1-38 【建组】效果　　图 3-1-39 【合并组】效果

42. 点击面板下方【添加图层样式】按钮 ，执行【投影】命令，弹出对话框，设置参数（图 3-1-40），点击【确定】按钮，得到效果（图 3-1-41）。

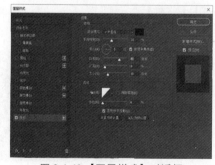

图 3-1-40 【图层样式】对话框

图 3-1-41 完成效果

第二节　包袋的绘制

一、实例效果

图 3-2-1　包袋的绘制实例效果

二、操作步骤

（一）第一阶段：绘制线稿

1. 执行菜单【文件/新建】或者按住快捷键【Ctrl＋N】新建一个文件，设置名称为【包袋】，点击【确定】按钮（图 3-2-2）。

2. 选择工具箱中的【钢笔】 工具，绘制包袋【路径】（图 3-2-3）。切换至【路径】面板，双击【工作路径】储存路径，弹出对话框，命名为【包袋】，点击【确定】按钮。

3. 选择工具箱中的【画笔】 工具，选择画笔并设置画笔参数（选择"硬边圆"画笔，大小为 1 像素，硬度为 100％）。

4. 点击【默认前景色和背景色】 ，设置前景色为"黑色"。

5. 切换至【图层】面板，点击【图层】面板中的【创建新图层】按钮 5 次，创建 5 个新图层并分别命名为【线稿】【侧面】【正面】【拼接】【提手】图层（线稿图层位于最上层）。

6. 选择工具箱中的【路径选择】 工具，在画板空白处鼠标右击，选择【描边路径】，弹出对话框，选择画笔，取消"模拟压力"的选择，点击【确定】，在【线稿】图层描边路径。切换至【路径】面板，点击路径面板空白处，取消"包袋"路径的选择，得到效果（图 3-2-4）。

小提示：若采用手绘板绘制效果图线稿，则可以忽略步骤 2、3、6，运用手绘板直接选择【画笔】工具 绘制线稿。

（二）第二阶段：包袋上色

7. 点击【线稿】图层，选择工具箱中的【魔棒】 工具，建立【侧面】的选区。执行【菜单/选择/修改/扩展】命令，扩展选区 1 像素，得到效果（图 3-2-5）。

图 3-2-2　新建文件

图 3-2-3　绘制路径

图 3-2-4　【描边路径】效果　　　图 3-2-5　建立选区

8. 双击前景色按钮，弹出【拾色器】面板，选择颜色。点击【侧面】图层，按快捷键【Alt＋Delete】，将前景色填充到【侧面】图层，按快捷键【Ctrl＋D】取消选择，得到效果（图 3-2-6）。

9. 重复操作，选择工具箱中的【魔棒】工具，分别建立"侧面""拼接"的选区（图 3-2-7），按快捷键【Alt＋Delete】，将前景色分别填充到【正面】【拼接】图层，按快捷键【Ctrl＋D】分别取消选择，得到效果（图 3-2-8）。

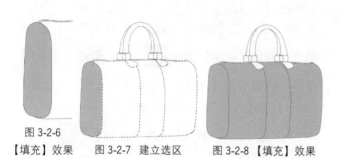

图 3-2-6
【填充】效果　　图 3-2-7　建立选区　　图 3-2-8 【填充】效果

10. 点击【线稿】图层，选择工具箱中的【魔棒】工具，建立"提手"的选区（图 3-2-9）。执行【菜单/选择/修改/扩展】命令，扩展选区 1 像素，得到效果（图 3-2-10）。

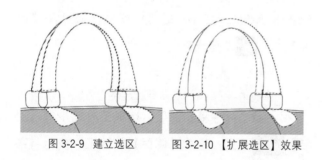

图 3-2-9　建立选区　　图 3-2-10 【扩展选区】效果

11. 点击【提手】图层，双击前景色按钮，弹出【拾色器】面板，设置颜色。按快捷键【Alt＋Delete】，将前景色填充到【提手】图层，按快捷键【Ctrl＋D】取消选择，得到效果（图 3-2-11）。

12. 双击前景色按钮，弹出【拾色器】面板，设置颜色（图 3-2-12）。

图 3-2-11 【填充】效果　　图 3-2-12 【拾色器】对话框

13. 切换至【图层】面板，点击【图层】面板中的【创建新图层】按钮，创建新图层并命名为【明暗】图层（图层位于【侧面】图层的上面）。按快捷键【Ctrl＋Alt＋G】创建剪切蒙版。

14. 选择工具箱中的【画笔】工具，选择画笔并设置画笔参数（图 3-2-13）。点击【明暗】图层，绘制包袋侧面的明暗效果（图 3-2-14）。

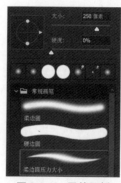

图 3-2-13　画笔面板　　图 3-2-14　绘制效果

15. 双击前景色按钮，弹出【拾色器】面板，设置颜色（比较浅的颜色），绘制侧面的亮面（图 3-2-15）。

16. 重复操作，分别绘制包袋正面、拼接和手提部位的明暗，得到效果（图 3-2-16）。

图 3-2-15　绘制效果　　图 3-2-16　绘制效果

17. 选择工具箱中的【画笔】工具，选

择画笔并设置画笔参数（图3-2-17）。

18．双击前景色按钮，弹出【拾色器】面板，设置颜色（图3-2-18）。

图3-2-17【画笔】面板　　图3-2-18【拾色器】对话框

19．切换至【图层】面板，点击【图层】面板中的【创建新图层】按钮，创建一个新图层并将其命名为【金属扣】图层（位于【线稿】图层上面）。

20．切换至【路径】面板，选择"包袋"路径，选择工具箱中的【直接选择】工具，选择"金属扣"子路径（图3-2-19）。

21．【直接选择】工具状态下，在画板空白处鼠标右击，选择【描边子路径】，弹出对话框，选择画笔，取消"模拟压力"的选择，点击【确定】，在【金属扣】图层上描边子路径。

22．切换至【路径】面板，点击路径面板空白处，取消"金属扣"子路径的选择，得到效果（图3-2-20）。

图3-2-19 选择效果　　　　图3-2-20 绘制效果

23．切换至【图层】面板，点击【金属扣】图层的下方的【添加图层样式】按钮，执行【斜面和浮雕】命令，弹出对话框，设置参数，得到效果（图3-2-21）。

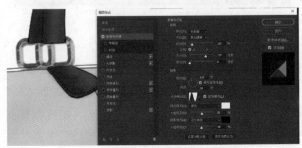

图3-2-21【斜面和浮雕】对话框及效果

24．继续勾选【内发光】按钮，设置参数，得到效果（图3-2-22）。

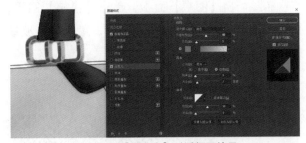

图3-2-22【内发光】对话框及效果

25．继续勾选【内阴影】按钮，设置参数，得到效果（图3-2-23）。

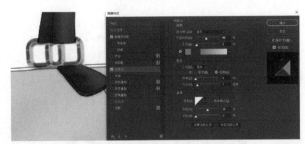

图3-2-23【内阴影】对话框及效果

（三）第三阶段：绘制图案

26．切换至【图层】面板，点击【图层】面板中的【创建新图层】按钮2次，新建2个新图层并将其分别命名为【侧面图案】【正面图案】，分别位于【侧面】【正面】图层上面）。

27．点击【侧面图案】图层，点击图层的下方【添加图层样式】按钮，勾选【图案叠加】，设置参数（图3-2-24），选择"瑶族单元图案"（自定义图案详见第二章第二节）。

28．按快捷键【Ctrl＋Alt＋G】创建剪切蒙版，得到效果（图3-2-25）。

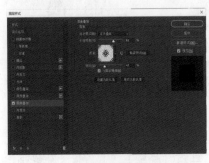

图3-2-24【图案叠加】对话框　　图3-2-25【图案叠加】效果

29. 重复操作，得到包袋正面【图案叠加】效果（图3-2-26）。

30. 切换【图层】面板，单击【拼接】图层，执行【菜单/文件/置入嵌入对象】，置入"瑶族纹样"图片（图3-2-27）。

图3-2-26 【图案叠加】效果　　图3-2-27 置入瑶族纹样图片效果

31. 调整置入图片的方向和大小，得到效果（图3-2-28），按【Enter】键确认，按快捷键【Ctrl＋Alt＋G】创建剪切蒙版，将图层顺序调整至【拼接明暗】的上面，得到效果（图3-2-29）。

图3-2-28 【调整】效果　　图3-2-29 【剪切蒙版】效果

32. 执行菜单【编辑\变换\变形】命令，按照包袋正面的弧度来调整瑶族纹样（图3-2-30），按【Enter】键确认，得到效果（图3-2-31）。

图3-2-30 【变形】效果　　图3-2-31 【确定】效果

33. 选择工具箱【画笔】工具，设置画笔属性（选择"硬边圆"画笔，大小为8像素，不透明度为100％）。

34. 切换至【路径】面板，选择"包袋"路径，切换至【图层】面板，点击【线稿】图层，选择工具箱中的【钢笔】工具，在面板中点击鼠标右键，选择【描边路径】，弹出对话框（选择画笔，勾选"模拟压力"），点击【确定】按钮。切换至【路径】面板，点击路径面板空白处，取消"包袋"路径的选择，得到效果（图3-2-32）。

（四）第四阶段：绘制阴影

35. 切换至【图层】面板，结合【Shift】键选择除【背景】图层以外的所有图层，按快捷键【Ctrl＋G】建立组，并命名为【包袋】组。

36. 复制【包袋】组，鼠标右击选择【合并组】，得到【包袋拷贝】图层。

37. 点击【包袋拷贝】图层，点击图层的下方【添加图层样式】按钮，执行【投影】命令，弹出对话框，设置参数（图3-2-33），得到效果（图3-2-34）。

图3-2-32 【描边路径】效果　　图3-2-34 【投影】效果

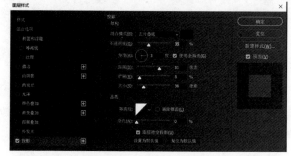

图3-2-33 【投影】对话框

38. 再次复制【包袋拷贝】图层，得到【包袋拷贝2】图层（图3-2-35）。

39. 点击【包袋拷贝2】图层，按快捷键【Ctrl＋T】自由变换，鼠标右击选择【垂直翻转】，按住【Shift】键向下垂直移动至合适位置，按【Enter】键确认，得到效果（图3-2-36）。

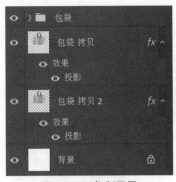  

图 3-2-35　复制图层　　　图 3-2-36　垂直移动效果

图 3-2-37　最终效果

40. 调整【包袋拷贝 2】图层的不透明度为 25％，得到效果（图 3-2-37）。

第三节　鞋子的绘制

一、实例效果

图 3-3-1　鞋子的绘制实例效果

二、操作步骤

1. 执行菜单【文件/新建】或者按住快捷键【Ctrl＋N】新建一个文件，设置名称为【鞋子】，点击【确定】按钮（图 3-3-2）。

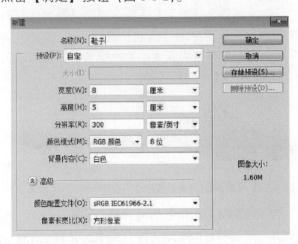

图 3-3-2　新建文件

2. 切换至【图层】面板，点击【图层】面板中的【创建新图层】按钮 4 次，创建 4 个新图层并分别命名为【线稿】【鞋面色】【网面】【鞋带】（图 3-3-3）。

3. 选择工具箱中的【钢笔】工具，绘制鞋子路径（图 3-3-4）。切换至【路径】面板，双击【工作路径】储存路径，弹出对话框，命名为【鞋子】，点击【确定】按钮。

图 3-3-3　新建图层

图 3-3-4　鞋子路径

4. 点击【默认前景色和背景色】■, 设置前景色为"黑色"。切换至【图层】面板, 点击【线稿】图层。

5. 选择工具箱中的【画笔】✎工具, 选择画笔并设置画笔参数 (图 3-3-5)。按快捷键【Enter】描边路径, 得到效果 (图 3-3-6)。切换至【路径】面板, 点击路径面板空白处, 取消"鞋子"路径的选择。

小提示: 如果采用手绘板绘制效果图线稿, 就可以忽略步骤3、步骤5, 运用手绘板直接选择【画笔】工具✎绘制线稿。

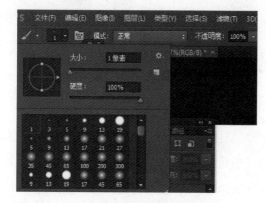

图 3-3-5 画笔设置

图 3-3-6 描边路径   图 3-3-7 建立选区

6. 切换至【图层】面板, 点击【线稿】图层。选择工具箱中的【魔棒】✦工具, 按住【Shift】键, 建立选区 (图 3-3-7)。

7. 双击前景色按钮■, 弹出【拾色器】面板, 设置颜色 (图 3-3-8)。

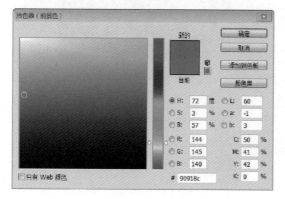

图 3-3-8 选取颜色

8. 切换至【图层】面板, 点击【鞋面色】图层, 按住快捷键【Alt+Delete】, 将前景色填充到选区, 按快捷键【Ctrl+D】取消选区, 得到效果 (图 3-3-9)。

9. 以同样的方法填充其他鞋面颜色 (全部填充在【鞋面色】图层), 得到效果 (图 3-3-10)。

图 3-3-9 填充颜色   图 3-3-10 【填充】颜色

10. 选择工具箱中的【减淡】✦工具, 设置参数 (图 3-3-11) 调整颜色 (按住键盘上的左括号键【[】和右括号键【]】调整减淡工具的大小), 得到效果 (图 3-3-12)。

11. 点击【默认前景色和背景色】■, 点击【切换前景色和背景色】↰按钮, 前景色转换为白色。

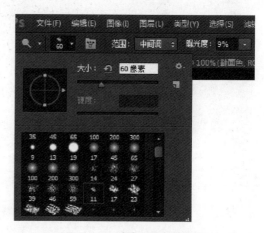

图 3-3-11 减淡工具参数设置

12. 切换至【图层】面板, 点击【鞋面色】图层。选择工具箱中的【画笔】✎工具, 选择画笔并设置画笔参数 (尖角大小为9像素, 不透明度为35%), 绘制两个【短线条】(图 3-3-13)。

图 3-3-12 【加深】【减淡】效果   图 3-3-13 绘制效果

13. 选择工具箱中的【涂抹】✎工具, 涂抹【短线条】及整个鞋面 (按住键盘上的左括号键

【[】和右括号键【] 】可调整涂抹工具的大小），得到效果（图3-3-14）。

图 3-3-14【涂抹】效果

14. 切换至【图层】面板，点击【网面】图层。执行菜单【编辑/填充】命令，弹出对话框，选择填充自定义的"网格"图案（图3-3-15）（定义"网格"图案见第二章第一节），点击【确定】。

15. 调整【网面】图层的不透明度为33%，得到效果（图3-3-16）。

16. 执行菜单【滤镜/扭曲/挤压】命令，弹出对话框，设置参数（图3-3-17）。得到效果（图3-3-18）。

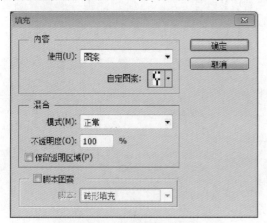

图 3-3-15【填充】对话框

图 3-3-16【不透明度】调整效果

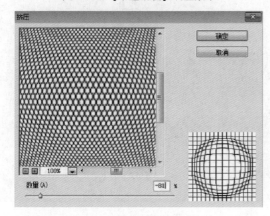

图 3-3-17【挤压】对话框

图 3-3-18【挤压】效果

17. 切换至【图层】面板，鼠标拖动【网面】至图层面板下方【创建新图层】按钮，复制【网面】图层，自动生成【网面拷贝】图层，关闭【网面拷贝】图层前面的"眼睛"图标。

18. 点击【线稿】图层。选择工具箱中的【魔棒】工具，结合【Shift】键，建立选区（图3-3-19），按快捷键【Shift+Ctrl+I】反选选区。

19. 点击【网面】图层，按【Delete】键，删除选区"网格"，按快捷键【Ctrl+D】取消选择（图3-3-20）。

图 3-3-19　建立选区　　　图 3-3-20【删除】效果

20. 切换至【图层】面板，点击【图层】面板中的【创建新图层】按钮，创建新图层并命名为【小凹点】。点击【线稿】图层。选择工具箱中的【魔棒】工具，建立选区（图3-3-21）。

21. 点击【鞋面色】图层，按快捷键【Ctrl+C】复制选区颜色，点击【小凹点】图层，按快捷键【Ctrl+V】复制选区颜色到【鞋面色】图层。

22. 执行菜单【滤镜/像素化/彩色半调】命令，弹出对话框，设置参数（图3-3-22），点击确定，得到效果（图3-3-23）。

23. 调整【小凹点】图层的不透明度为10%，得到效果（图3-3-24）。

图 3-3-21　建立选区　　　图 3-3-22【彩色半调】对话框

图 3-3-23【彩色半调】效果

图 3-3-24【不透明度】调整效果

24. 选择工具箱中的【钢笔】 工具，绘制路径（图 3-3-25），按快捷键【Ctrl＋Enter】建立选区，按快捷键【Ctrl＋Shift＋I】反选选区。

25. 切换至【图层】面板，点击【网面拷贝】图层，打开【网面拷贝】图层前面的"眼睛"图标 ，按【Delete】键删除选区网格，按快捷键【Ctrl＋D】取消选择，得到效果（图 3-3-26）。

图 3-3-25 绘制路径

图 3-3-26【删除】效果

26. 点击【图层面板】下面的【增加图层样式】按钮 fx，选择【斜面和浮雕】，弹出对话框，分别设置【斜面和浮雕】【描边】参数（图 3-3-27）得到效果（图 3-3-28）。

27. 选择工具箱中的【画笔】 工具，设置画笔参数，点击右上角 按钮，选择【干介质】画笔，弹出对话框（图 3-3-29），点击【追加】。

图 3-3-28【图层样式】效果

28. 选择刚刚追加的【28】画笔，点击【切换画笔面板】 按钮，弹出对话框，设置【画笔笔尖形状】【形状动态】画笔参数（图 3-3-30）。

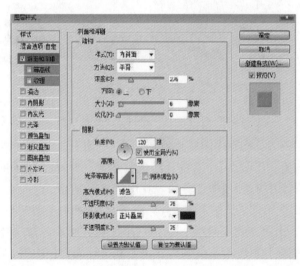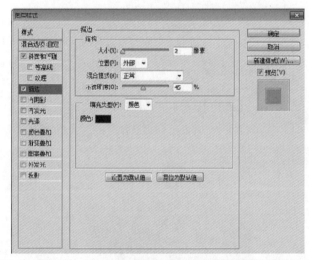
图 3-3-27【图层样式】参数设置

图 3-3-29 追加画笔

图 3-3-30 画笔选择及参数设置

29. 切换至【图层】面板，点击【图层】面板中的【创建新图层】按钮，创建新图层并命名为【线迹】。

30. 选择工具箱中的【钢笔】工具，绘制路径（图 3-3-31），选择工具箱中的【画笔】工具，按【Enter】键描边路径。切换至【路径】面板，点击路径面板空白处，取消【工作路径】的选择，得到效果（图 3-3-32）。

图 3-3-31　绘制路径　　　图 3-3-32　描边路径

31. 点击【图层面板】下面的【增加图层样式】按钮 fx，选择【斜面和浮雕】，弹出对话框，设置参数，得到效果（图 3-3-33）。

32. 双击前景色按钮，弹出【拾色器】面板，设置颜色（图 3-3-34）。

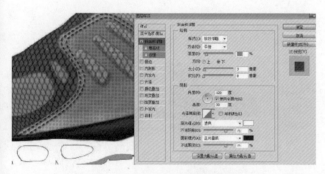

图 3-3-33　图层样式设置及效果

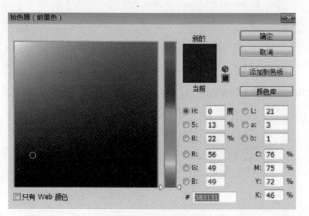

图 3-3-34　设置颜色

33. 选择工具箱中的【椭圆】工具，绘制路径（图 3-3-35），按快捷键【Ctrl＋Enter】建立选区。

34. 切换至【图层】面板，点击【鞋带】图层，按快捷键【Alt＋Delele】填充选区，按快捷键【Ctrl＋D】取消选区（图 3-3-36）。

图 3-3-35　绘制路径

35. 选择工具箱中的【钢笔】工具，绘制路径（图 3-3-37）（为了清晰显示，图片截图隐藏了所有【鞋面色】及【网格】图层）。

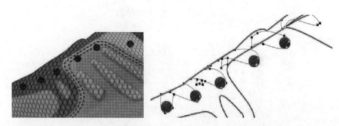

图 3-3-36【填充】效果　　　图 3-3-37　绘制路径

36. 按快捷键【Ctrl＋Enter】路径变换为选区，按快捷键【Ctrl＋Delele】填充背景色（白色）至选区，按快捷键【Ctrl＋D】取消选区，得到效果（图 3-3-38）。

图 3-3-38【填充】效果

37. 点击【图层面板】下面的【增加图层样式】按钮 fx，选择【渐变叠加】，弹出对话框，分别设置【渐变叠加】【描边】参数（图 3-3-39），得到效果（图 3-3-40）。

38. 调整【网面】【小凹点】图层的混合模式为【正片叠底】，得到效果（图 3-3-41）。

39. 双击前景色按钮，弹出【拾色器】面板，设置颜色（图 3-3-42）。

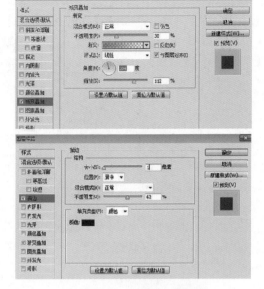

图 3-3-39 图层样式参数

图 3-3-40 【图层样式】效果

图 3-3-41 【正片叠底】效果

图 3-3-42 【拾色板】对话框

40. 切换至【图层】面板，点击【线稿】图层，选择工具箱中的【魔棒】工具，建立选区。

41. 点击【图层】面板中的【创建新图层】按钮，创建新图层并命名为【塑胶】。按快捷键【Alt+Delele】填充选区，得到效果（图 3-3-43）。

图 3-3-43 填充选区

42. 选择工具箱中的【加深】工具，设置参数（图 3-3-44），调整颜色（按住键盘上的左括号键【 [】和右括号键【] 】调整加深工具的大小），得到效果（图 3-3-45）。

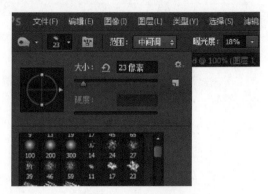

图 3-3-44 设置参数

图 3-3-45 【加深】效果

43. 点击【切换前景和背景色】按钮，将前景色转换为白色。选择工具箱中的【画笔】工具，设置画笔参数（尖角大小为 9 像素，不透明度为 50%），绘制白色小点（图 3-3-46）。

44. 选择工具箱中的【涂抹】工具，设置涂抹参数（按住键盘上的左括号键【 [】调整加深工具的大小），涂抹得到效果（3-3-47）。

图 3-3-46 绘制效果

图 3-3-47 涂抹效果

45. 双击前景色按钮，弹出【拾色器】面板，设置颜色（图 3-3-48）。

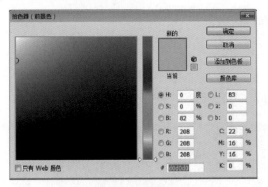

图 3-3-48　设置颜色

46. 切换至【图层】面板，点击【线稿】图层，选择工具箱中的【魔棒】工具，建立选区（图 3-3-49）。

图 3-3-49　建立选区

47. 切换至【图层】面板，点击【图层】面板中的【创建新图层】按钮，创建一个新图层并命名为【鞋底】。按快捷键【Alt＋Delele】填充选区，按快捷键【Ctrl＋D】取消选区，得到效果（图 3-3-50）。

48. 选择工具箱中的【加深】、【减淡】工具，调整颜色，得到效果（图 3-3-51）。

图 3-3-50　填充选区

图 3-3-51　【加深】【减淡】效果

49. 切换至【图层】面板，点击除了【背景】图层的所有的图层，按快捷键【Ctrl＋G】建立新组【组 1】，鼠标拉动【组 1】至图层面板下【创建新图层】按钮，复制【组 1】，自动生成【组 1拷贝】组（图 3-3-52）。

50. 按快捷键【Ctrl＋E】合并【组 1 拷贝】

的所有图层，自动生成【组 1 拷贝】图层。调整图层顺序，使【组 1 拷贝】图层位于【组 1】组下面（图 3-3-53）。

图 3-3-52　复制【组】　　　图 3-3-53　调整位置

51. 切换至【图层】面板，点击【组 1 拷贝】图层，按快捷键【Ctrl＋T】自由变换，鼠标在面板处右击，选择【水平翻转】，调整位置，得到效果（图 3-3-54）。

图 3-3-54　【水平翻转】效果

52. 切换至【图层】面板，分别点击【组 1】组及【组 1 拷贝】图层，弹出【图层样式】对话框，两个分别都设置【投影】参数（图 3-3-55），得到效果（图 3-3-56）。

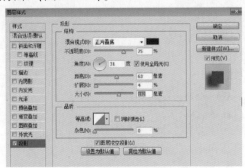

图 3-3-55　【图层样式】对话框

图 3-3-56　最终效果

第四节　首饰的绘制

一、实例效果

图 3-4-1　首饰的绘制实例效果

二、操作步骤

1. 执行菜单【文件/新建】或者按住快捷键【Ctrl＋N】新建一个文件，设置名称为【首饰】，点击【确定】按钮（图 3-4-2）。

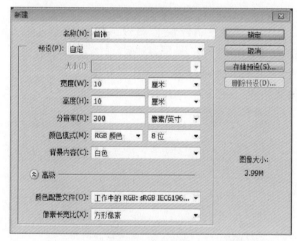

图 3-4-2　新建文件

2. 双击前景色按钮 ■ 面板，设置颜色（图 3-4-3）。按住快捷键【Alt＋Delete】，将前景色填充到【背景】图层。

3. 选择工具箱中的【钢笔】 ✎ 工具，绘制首饰路径（图 3-4-4）。切换至【路径】面板，双击【工作路径】储存路径，弹出对话框，命名为【首饰】，点击【确定】按钮。

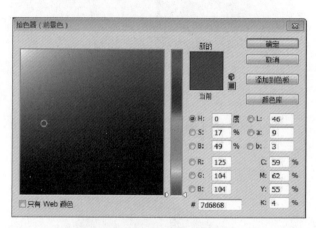

图 3-4-3　【拾色器】对话框

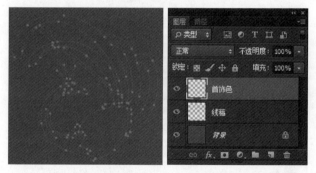

图 3-4-4　绘制路径　　　图 3-4-5　新建图层

4. 切换至【图层】面板，点击【图层】面板中的【创建新图层】按钮 ◫ 两次，创建两个新图层并命名为【线稿】、【首饰色】（图 3-4-5）。

5. 切换至【图层】面板，点击【线稿】图层。选择工具箱中的【画笔】 ✦ 工具，选择画笔并设置画笔参数（图 3-4-6）。点击【默认前景色和背景色】 ◫ ，设置前景色为"黑色"。

6. 选择工具箱中的【路径选择】 ▷ 工具，在画板空白处鼠标右击，选择【描边路径】，弹出对话框，选择【画笔】，点击【确定】，得到效果（图 3-4-7）。切换至【路径】面板，点击路径面板空白处，取消"首饰"路径的选择。

图 3-4-6　设置画笔参数

图 3-4-10　填充选区

7. 选择工具箱中的【魔棒】 工具，结合【Shift】键，建立选区（图 3-4-8）。

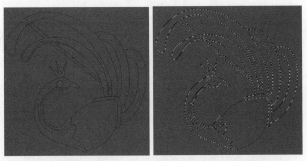

图 3-4-7　描边路径　　　图 3-4-8　建立选区

8. 双击前景色按钮 ，弹出【拾色器】面板，设置颜色（图 3-4-9）。

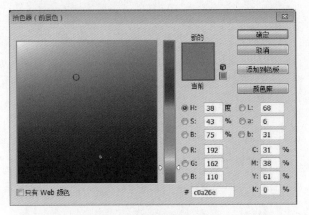

图 3-4-9　【拾色器】对话框

9. 切换至【图层】面板，点击【首饰色】图层，按住快捷键【Alt＋Delete】，将前景色填充到选区，按快捷键【Ctrl＋D】取消选区，得到效果（图 3-4-10）。

10. 选择工具箱中的【加深】 工具和【减淡】 工具，设置参数（图 3-4-11），加深、减淡颜色，得到效果（图 3-4-12）。

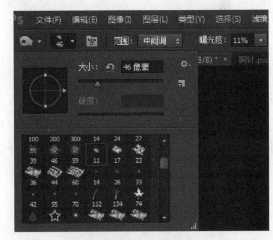

图 3-4-11　设置参数

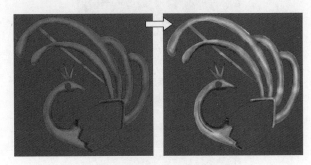

图 3-4-12　【加深】【减淡】效果

11. 切换至【图层】面板，点击【图层】面板中的【创建新图层】按钮 ，创建一个新图层并命名为【钻石】。

12. 选择工具箱中的【椭圆】 工具，结合【Shift】键绘制正圆形（图 3-4-13），按快捷键【Ctrl＋Enter】变换为选区。

13. 切换至【图层】面板，点击【钻石】图层，按快捷键【Ctrl＋Delete】，将背景色（白色）填充到选区，按快捷键【Ctrl＋D】取消选区（图3-4-14）。

图 3-4-13 绘制路径　　　　图 3-4-14 填充选区

14. 切换至【图层】面板，点击【图层面板】下面的【增加图层样式】按钮 fx，选择【图案叠加】（图 3-4-15），弹出对话框，分别设置【图案叠加】（图案选择【网】）、【内发光】、【内阴影】、【描边】参数（图 3-4-16），得到效果（图 3-4-17）。

图 3-4-15 【增加图层样式】

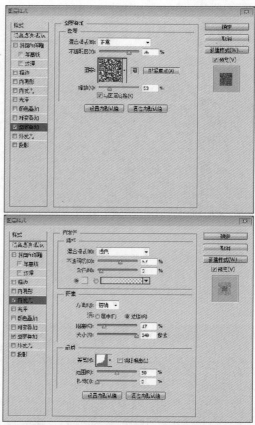
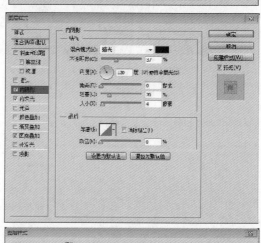
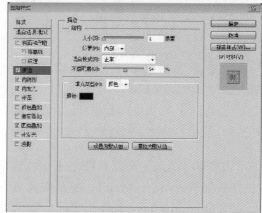

图 3-4-16 【图案叠加】【内发光】【内阴影】
【描边】对话框

15. 选择工具箱中【移动】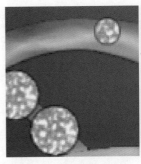工具，结合【Alt＋Ctrl】键，长按鼠标左键并拖动，复制【钻石】图层至合适的位置，自动形成【钻石拷贝】图层。重复操作3次，得到效果（图3-4-18）。

16. 再次重复操作，复制【钻石】图层至合适位置，自动形成【钻石拷贝4】图层，按快捷键【Ctrl＋T】自由变换，按住【Shift】键成比例放大钻石（图3-4-19），按键盘上【Enter】键应用变换。

17. 按住快捷键【Alt＋Ctrl】，鼠标左键移动复制【钻石拷贝4】图层至合适的位置（图3-4-20），自动形成【钻石拷贝5】图层。

图3-4-21【自由变换】（缩小）　　图3-4-22　多次移动复制

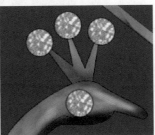

图3-4-17【图层样式】效果　　图3-4-18　复制移动图层

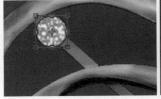

图3-4-19【自由变换】（放大）　　图3-4-20　复制移动图层

18. 再次重复操作，复制【钻石】图层至合适位置，自动形成【钻石拷贝6】图层，按快捷键【Ctrl＋T】自由变换，按住【Shift】键成比例缩小钻石（图3-4-21），按键盘上【Enter】键应用变换。

19. 按住快捷键【Alt＋Ctrl】，鼠标移动复制【钻石拷贝6】图层至合适的位置，自动形成【钻石拷贝7】图层。

20. 重复操作19次（一共生成21个小钻石），自动形成【钻石拷贝8】至【钻石拷贝26】图层，得到效果（图3-4-22）。

21. 切换至【图层】面板，结合【Shift】键选中【钻石】图层及所有【钻石拷贝】图层（图3-4-23）。按快捷键【Ctrl＋E】合并所有选中图层，自动生成为【钻石拷贝26】图层。

22. 切换至【图层】面板，点击【线稿】图层。选择工具箱中的【魔棒】工具，建立选区（图3-4-24）。

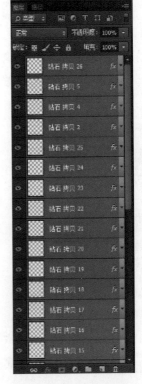

图3-4-24　建立选区

图3-4-23　选中图层　　图3-4-25　新建图层

23. 点击【图层】面板中的【创建新图层】按钮，创建新图层并命名为【宝石】（图3-4-25）。

24. 双击前景色按钮，弹出【拾色器】面板，设置颜色（图3-4-26）。按住快捷键【Alt＋Delete】，将前景色填充到选区（图3-4-27）。

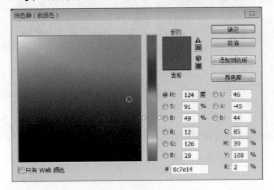

图3-4-26【拾色器】对话框

65

图 3-4-27 填充选区　　　　图 3-4-28 【云彩】效果

25. 执行菜单【滤镜/渲染/云彩】，按快捷键【Ctrl＋D】键取消选区，得到效果（图 3-4-28）。

26. 选择工具箱中的【加深】 工具，设置参数（中间调，曝光度 9％），加深颜色，得到效果（图 3-4-29）。

图 3-4-29 【加深】效果

27. 切换至【图层】面板，点击【图层】面板中的【创建新图层】按钮 ，创建新图层并命名为【珍珠】（图 3-4-30）。

28. 选择工具箱中的【椭圆】 工具，结合【Shift】键绘制正圆形（图 3-4-31），按快捷键【Ctrl＋Enter】变换为选区。

图 3-4-30 新建图层　　　　图 3-4-31 绘制路径

29. 切换至【图层】面板，点击【珍珠】图层，按快捷键【Ctrl＋Delete】将背景色（白色）填充到选区，按快捷键【Ctrl＋D】取消选区，得到效果（图 3-4-32）。

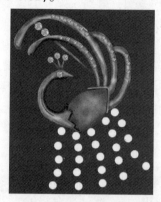

图 3-4-32 填充选区

30. 切换至【图层】面板，点击【图层面板】下面的【增加图层样式】按钮 ，选择【斜面与浮雕】，分别设置【斜面与浮雕】【等高线】【内发光】【投影】参数（图 3-4-33），得到效果（图 3-4-34）。

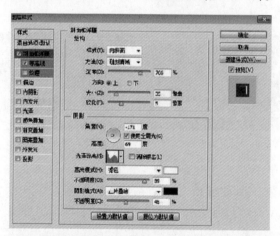

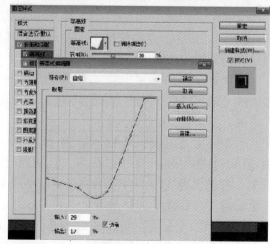

图 3-4-33（1）　【斜面与浮雕】【等高线】对话框

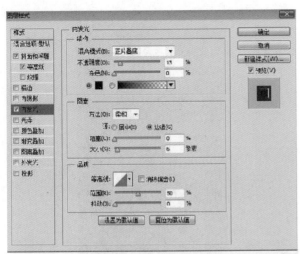

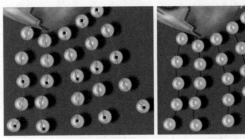

图 3-4-35　绘制路径　　　　图 3-4-36　描边路径

33. 选择工具箱中的【画笔】工具，设置参数（尖角为 2 像素，不透明度为 100％），按快捷键【Enter】描边路径，得到效果（图 3-4-36）。切换至【路径】面板，点击路径面板空白处，取消【工作路径】的选择。

34. 切换至【图层】面板，点击【线】图层，点击【图层面板】下面的【增加图层样式】按钮fx，选择【混合选项】，弹出对话框，分别设置【渐变叠加】【投影】参数（图 3-4-37），得到效果（图 3-4-38）。

35. 切换至【图层】面板，鼠标拖动【首饰色】图层至图层面板下的【创建新图层】按钮复制【首饰色】图层，自动生成【首饰色拷贝】图层。

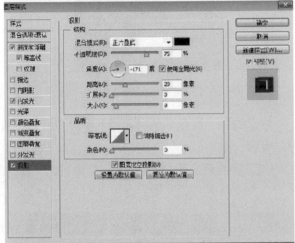

图 3-4-33（2）　【内发光】、【投影】对话框

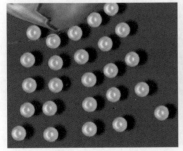

图 3-4-34【增加图层样式】效果及整体效果

31. 切换至【图层】面板，点击【图层】面板中的【创建新图层】按钮，创建新图层并命名为【线】（【线】图层位于【珍珠】图层下方）。

32. 点击【默认前景色和背景色】，设置前景色为【黑色】。选择工具箱中的【钢笔】工具，绘制线条路径（图 3-4-35）。

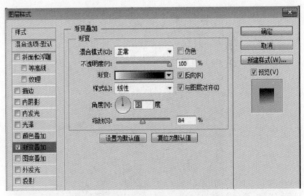

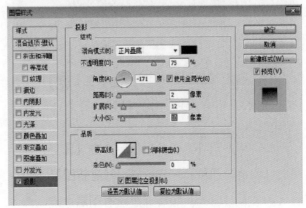

图 3-4-37【渐变叠加】、【投影】对话框

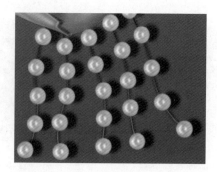

图 3-4-38 【图层样式】效果

36. 点击【图层面板】下面的【增加图层样式】按钮 fx，选择【投影】，设置参数，得到效果（图 3-4-39）。

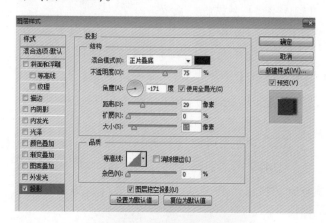

图 3-4-39【投影】对话框及【投影】效果

37. 点击【默认前景色和背景色】，点击【切换前景色和背景色】按钮，前景色转换为"白色"。

38. 切换至【图层】面板，点击【图层】面板中的【创建新图层】按钮，创建新图层并命名为【闪光】，【闪光】图层位于所有图层上方（图 3-4-40）。

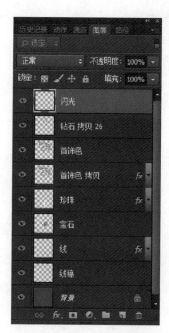

图 3-4-40 新建图层

39. 选择工具箱中的【画笔】工具，设置画笔参数（图 3-4-41），不透明度、流量都为 100%。

40. 切换至【图层】面板，点击【闪光】图层，在钻上连续点击，得到效果（图 3-4-42）。

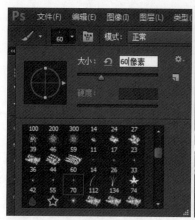

图 3-4-41 设置参数　　图 3-4-42 闪光效果

41. 重复操作，在其他"钻石"上方位置连续点击绘制，得到效果（图 3-4-43）。

图 3-4-43 绘制"高光"效果

42. 切换至【图层】面板，点击【首饰色拷贝】图层。选择工具箱中的【橡皮擦】工具，擦除多余的投影，得到效果（图3-4-44）。

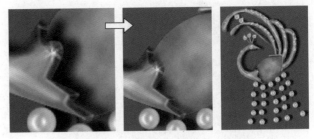

图 3-4-44 【擦除】效果及完成效果图

本章小结

本章以帽子、包袋、鞋子、首饰等为例来讲解服装配饰的绘制，以进一步学习各种绘制工具的运用。主要用的工具有：钢笔工具——绘制基本轮廓，建立选区工具——选择填充范围，填充工具与渐变工具——填充基本颜色，滤镜——制造各种不同质感的效果，加深减淡工具——调整明暗塑造立体感，添加图层样式——完善质感和细节。

绘图操作技巧提示：

1. 在【钢笔】工具状态下通过【Ctrl】与【Alt】键的配合使用，快速添加或删除锚点，并调整路径形状。

2. 按住快捷键【Ctrl＋Alt】并点击鼠标左键拖动图层，可快速对图层进行复制。

3. 建立选区的工具有 、 、 等多种，可以根据不同需求进行选择运用。

4.【滤镜】库中的多种滤镜效果的灵活运用和叠加，可以呈现多种效果。

5.【添加图层样式】命令可以进一步塑造质感，丰富画面效果。

思考练习题

1. 如何利用【钢笔】工具快速绘制复杂的图形轮廓？

2. 如何利用【滤镜】工具制作不同质感的肌理图案？

3. 如何设置【画笔】工具以及【添加图层样式】？

4. 利用所掌握的工具分别绘制鞋、帽、包袋、饰品各一款。

第四章
服装人体模特的绘制

　　服装效果图以人体动态为载体，是人体与服装结合的一种形态美表现形式。人体是服装效果图设计中不可忽视的重要部分，是画好服装效果图的基础。

第一节　人物头像的绘制

一、实例效果

图 4-1-1　头部的绘制实例效果

二、操作步骤

（一）第一阶段：定义【发丝】画笔

1. 执行菜单【文件/新建】或者按住快捷键【Ctrl＋N】新建一个文件，设置参数（图 4-1-2），点击【确定】按钮。

2. 选择工具箱中的【画笔】　工具，选择画笔并设置画笔参数（尖角大小为 1 像素，不透明度为 100%）。点击【默认前景色和背景色】按钮　，前景色设置为黑色。

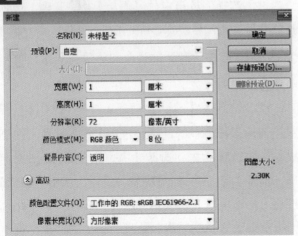

图 4-1-2　新建文件

3. 按快捷键【Ctrl＋"＋"】放大画板，在画板上任意画点（均匀一些），得到效果（图 4-1-3）。

4. 执行菜单【编辑/定义画笔预设】命令，弹出对话框，设置参数（图 4-1-4），点击确定。

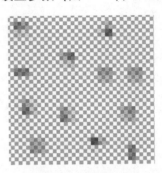

图 4-1-3　画"点"

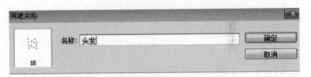

图 4-1-4【定义画笔预设】对话框

5. 点击【切换画笔面板】　按钮，弹出【画笔面板】，设置参数（图 4-1-5）。点击【画笔】面板右上角的三角形按钮　，选择【新建画笔预设】，弹出对话框，设置名称为【头发】（图 4-1-6），点击确定。

图 4-1-5【画笔面板】设置

图 4-1-6 选择【新建画笔预设】及
【新建画笔预设】对话框

6. 选择工具箱中的【钢笔】🖋工具,用钢笔工具绘制"发丝"路径（图 4-1-7）。

图 4-1-7 绘制路径

7. 选择工具箱中的【路径选择】工具,在画板空白处鼠标右击,选择【描边路径】,弹出对话框,选择画笔（勾选"模拟压力",图 4-1-8）,点击【确定】,描边"发丝"路径（图 4-1-9）。

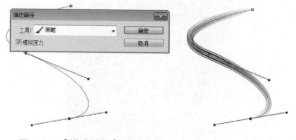

图 4-1-8 【描边路径】对话框　　图 4-1-9 描边路径

（二）第二阶段:绘制五官

8. 执行菜单【文件/新建】或者按住快捷键【Ctrl＋N】新建一个文件,设置名称为【人头像】,点击【确定】按钮（图 4-1-10）。

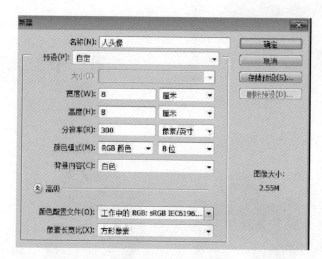

图 4-1-10　新建文件

9. 切换至【图层】面板,点击面板下方的【创建分组】按钮,创建【组 1】,鼠标右键单击【组 1】,在弹出的对话框中将名称设置为【头部】,点击【图层】面板中的【创建新图层】按钮 8 次,创建 8 个新图层并分别命名为【线稿】【头巾】【耳环】【眼影】【五官】【发丝】【头发底色】【肤色】（图层按此排列顺序）。

10. 选择工具箱中的【钢笔】工具,在属性栏中选择【路径】选项,用钢笔工具绘制路径（图 4-2-11）。双击【工作路径】储存路径,弹出对话框,命名为【人头线稿】,点击【确定】按钮,储存路径。

11. 选择工具箱中的【画笔】工具,选择画笔并设置画笔参数（尖角大小为 1 像素,不透明度为 100%）。点击【默认前景色和背景色】按钮,前景色设置为黑色。

12. 切换至【图层】面板,单击【线稿】图层。选择工具箱中的【路径选择】工具,在画板空白处鼠标右击,选择【描边路径】,弹出对话框,选择画笔（勾选"模拟压力"）,点击【确定】按钮,描边路径。切换至【路径】面板,点击路径面板空白处,取消"人头线稿"路径的选择,得到效果（图 4-1-12）。

小提示:如果采用手绘板绘制效果图线稿,就可以忽略步骤 10、步骤 12,运用手绘板直接选择【画笔】工具绘制线稿。

图 4-1-11　绘制路径　　　　图 4-1-12　描边路径

13. 切换至【图层】面板，单击【线稿】图层，选择工具箱中的【魔棒】工具，建立选区 (图 4-1-13)。

图 4-1-13　建立选区

14. 双击前景色按钮，弹出【拾色器】面板，设置颜色（图 4-1-14），点击【确定】按钮。

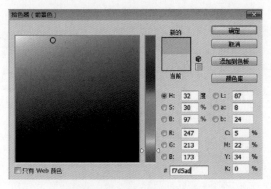

图 4-1-14　【拾色器】面板

15. 选择工具箱中的【画笔】工具，选择画笔并调整画笔参数（柔角大小为 128 像素，不透明度为 26%，可根据实际需要按键盘上的左括号键【[】和右括号键【]】调整画笔工具的大小）。

16. 切换至【图层】面板，单击【肤色】图层，绘制第一层肤色，得到效果（图 4-1-15）。

图 4-1-15　绘制效果

17. 双击前景色按钮，弹出【拾色器】面板，设置颜色（图 4-1-16），点击【确定】按钮。

18. 选择工具箱中的【画笔】工具，选择画笔并调整画笔参数（柔角大小为 50 像素，不透明度为 34%）。

19. 切换至【图层】面板，单击【肤色】图层，绘制第二层肤色，得到效果（图 4-1-17）。

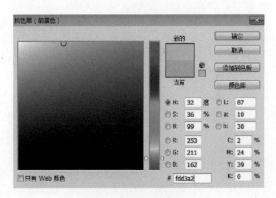

图 4-1-16　【拾色器】面板

图 4-1-17　绘制效果

20. 双击前景色按钮，弹出【拾色器】面板，设置颜色（图4-1-18），点击【确定】按钮。

图4-1-18 【拾色器】面板

21. 选择工具箱中的【画笔】工具，选择画笔并调整画笔参数（柔角大小为30像素，不透明度为34%）。

22. 切换至【图层】面板，单击【肤色】图层，绘制第三层肤色，按【Ctrl＋D】取消选择，得到效果（图4-1-19）。

图4-1-19 绘制效果

23. 双击前景色按钮，弹出【拾色器】面板，设置颜色（图4-1-20），点击【确定】按钮。

图4-1-20 【拾色器】面板

24. 选择工具箱中的【画笔】工具，选择画笔并调整画笔大小（柔角为17像素，不透明度为24%）。

25. 切换至【图层】面板，单击【五官】图层，绘制"嘴唇色"（注意留白），得到效果（图4-2-21）。

26. 选择工具箱中的【画笔】工具，调整画笔参数（柔角大小为8像素，不透明度为24%），刻画嘴唇，得到效果（图4-1-22）。

图4-1-21 绘制效果　　　图4-1-22 绘制效果

27. 双击前景色按钮，弹出【拾色器】面板，设置颜色（图4-1-23），点击【确定】按钮。

图4-1-23 【拾色器】面板

28. 选择工具箱中的【画笔】工具，选择画笔并调整画笔参数（柔角大小为6像素，不透明度为54%）。

29. 切换至【图层】面板，单击【五官】图层，绘制"瞳孔色"（注意留白），得到效果（图4-2-24）。

图4-1-24 绘制瞳孔色效果

30. 再次双击前景色按钮![icon]，弹出【拾色器】面板，设置颜色（图4-1-25），点击【确定】按钮。

图4-1-25　【拾色器】面板

31. 选择工具箱中的【画笔】![icon]工具，选择画笔并调整画笔参数（柔角大小为4像素，不透明度为90%），丰富"瞳孔"色彩层次，得到效果（图4-1-26）。

32. 点击【默认前景色和背景色】![icon]，设置前景色为【黑色】。

33. 选择工具箱中的【画笔】![icon]工具，选择画笔并调整画笔参数（尖角大小为2像素，不透明度为100%）。

34. 切换至【图层】面板，单击【五官】图层，绘制"眼线"，得到效果（图4-1-27）。

图4-1-26　丰富瞳孔效果　　　图4-1-27　绘制眼线效果

35. 点击【切换前景色和背景色】![icon]按钮，前景色转换为"白色"。

36. 选择工具箱中的【画笔】![icon]工具（参数不变），绘制"眼睛高光"，得到效果（图4-1-28）。

图4-1-28　绘制眼光高光效果

37. 点击【切换前景色和背景色】![icon]按钮，前景色转换为"黑色"。

38. 选择工具箱中的【画笔】![icon]工具（参数不变），绘制"眼睫毛"，得到效果（图4-1-29）。选择工具箱中的【涂抹】![icon]工具，设置涂抹参数（柔角大小为6像素，强度为40%，可根据实际需要按键盘上的左括号键【[】和右括号键【]】调整涂抹工具的大小），涂抹"眼睫毛"，得到效果（图4-1-30）。

图4-1-29　绘制眼睫毛效果　　图4-1-30　涂抹眼睫毛效果

39. 选择工具箱中的【画笔】![icon]工具，选择画笔并调整画笔参数（柔角大小为2像素，不透明度为16%），绘制"鼻孔色"，得到效果（图4-1-31）。

图4-1-31　绘制鼻孔色效果

40. 双击前景色按钮![icon]，弹出【拾色器】面板，设置颜色（图4-1-32），点击【确定】按钮。

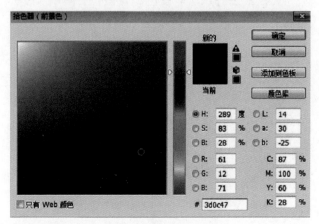

图4-1-32　【拾色器】面板

41. 选择工具箱中的【画笔】工具，选择画笔并调整画笔大小（柔角为 10 像素，不透明度为 50%）。

42. 切换至【图层】面板，单击【眼影】图层，绘制"眼影色"，得到效果（图 4-1-33）。

43. 选择工具箱中的【涂抹】工具，设置涂抹参数（柔角大小为 27 像素，强度为 32%，可根据实际需要按键盘上的左括号键【[】和右括号键【]】调整涂抹工具的大小），涂抹"眼影色"，图层模式改为【正片叠底】，得到效果（图 4-1-34）。

图 4-1-33 绘制眼影色效果

图 4-1-34 【涂抹】【修改图层模式】效果及完整效果图

44. 切换至【图层】面板，点击【肤色】图层，选择工具箱中的【橡皮擦】工具，设置参数（柔角大小为 2 像素，不透明度为 50%），擦除部分"下眼睑"，得到效果（图 4-1-35）。

45. 选择工具箱中的【钢笔】工具，用钢笔工具绘制路径（图 4-1-36）。

46. 点击【默认前景色和背景色】，设置前景色为"黑色"。切换至【图层】面板，点击【线稿】图层，选择工具箱中的【画笔】工具，选择画笔并调整画笔参数（尖角大小为 1 像素，不透明度为 100%），点击【Enter】键进行描边，取消路径的选择，得到效果（图 4-1-37）。

图 4-1-35 擦除效果　　　图 4-1-36 绘制效果

图 4-1-37 描边效果

47. 双击前景色按钮，弹出【拾色器】面板，设置颜色（图 4-1-38），点击【确定】按钮。

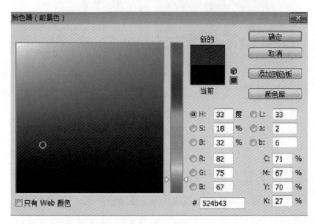

图 4-1-38 【拾色器】面板

48. 选择工具箱中的【画笔】工具，选择画笔并调整画笔大小（柔角大小为 7 像素，不透明度为 30%）。

49. 切换至【图层】面板，点击【五官】图层，加深"眉毛色"，得到效果（图 4-1-39）。

50. 选择工具箱中的【涂抹】工具，设置涂抹参数（柔角大小为 10 像素，强度为 32%，），涂抹"眉毛色"，得到效果（图 4-1-40）。

图 4-1-39 【绘制眉毛】效果　　图 4-1-40 【涂抹】效果

51. 切换至【图层】面板，点击【图层】面板中的【创建新图层】按钮，创建一个新图层并命名为【腮红】。

52. 双击前景色按钮，弹出【拾色器】面板，设置颜色（图 4-1-41），点击【确定】按钮。

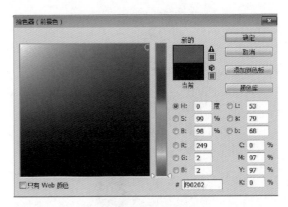

图 4-1-41 【拾色器】面板

53. 选择工具箱中的【画笔】 工具，选择画笔并调整画笔参数（柔角大小为 106 像素，不透明度为 30%），绘制"腮红"，图层模式设置为【正片叠底】，得到效果（图 4-1-42）。

图 4-1-42 绘制效果

（三）第三阶段：绘制头发

54. 双击前景色按钮 ，弹出【拾色器】面板，设置颜色（图 4-1-43），点击【确定】按钮。

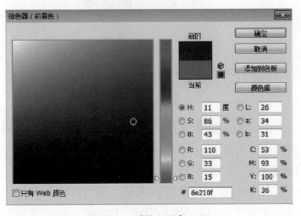

图 4-1-43 【拾色器】面板

55. 选择工具箱中的【画笔】 工具，选择画笔并调整画笔参数（柔角大小为 20 像素，不透明度为 50%）。

56. 切换至【图层】面板，单击"头发底色"图层，绘制"头发底色"，得到效果（图 4-1-44）。

57. 再次双击前景色按钮 ，弹出【拾色器】面板，设置颜色（图 4-1-45），点击【确定】按钮。

图 4-1-44 绘制效果

图 4-1-45 【拾色器】面板

58. 选择工具箱中的【画笔】 工具，选择画笔并调整画笔参数（柔角大小为 20 像素，不透明度为 50%），丰富"头发底色"的颜色，得到效果（图 4-1-46）。

59. 选择工具箱中的【涂抹】 工具，设置涂抹参数（柔角大小为 20 像素，强度为 50%，），涂抹"头发底色"，得到效果（图 4-1-47）。

60. 选择工具箱中的【画笔】 工具，选择画笔及设置参数（选择自定【头发】画笔 ，设置大小为 12 像素，不透明度为 100%）。

图 4-1-46 绘制效果　　图 4-1-47 【涂抹】效果

61. 切换至【路径】面板，点击【人头线稿】路径，鼠标右键拖动至【路径】面板下面的【创建新路径】按钮，复制【人头线稿】路径，自动生成【人头线稿拷贝】路径。

62. 选择工具箱中的【路径选择】 ▶ 工具，结合【Shift】键，选中除了"头发"之外的所有路径，按【Delete】键删除多余路径（图 4-1-48）。（为了更清晰显示头发路径，截图时隐藏了所有图层）

图 4-1-48 选择路径　　图 4-1-49 描边路径

63. 切换至【图层】面板，点击【发丝】图层。在画板空白处鼠标右击，选择【描边路径】，弹出对话框，选择画笔，勾选"模拟压力"，点击【确定】。切换至【路径】面板，点击路径面板空白处，取消发丝路径的选择，得到效果（图 4-1-49）。

（四）第四阶段：绘制头巾

64. 选择工具箱中的【矩形选框】 ⬚ 工具，绘制一个矩形选区（图 4-1-50）。

65. 双击前景色按钮 ▣ ，弹出【拾色器】面板，设置颜色（图 4-1-51），点击【确定】按钮。

图 4-1-50 建立选区

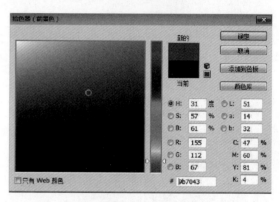

图 4-1-51 【拾色器】面板

66. 切换至【图层】面板，选择【头巾】图层，按快捷键【Alt＋Delete】将前景色填入选区得到效果（图 4-1-52）。

图 4-1-52 【填充】效果

67. 执行菜单【滤镜/像素化/彩色半调】，弹出对话框，设置参数（图 4-1-53），点击【确定】，按快捷键【Ctrl＋D】取消选择，得到效果（图 4-1-54）。

68. 切换至【图层】面板，将【头巾】图层不透明度变为 38%，执行菜单【编辑/变换/变形】，将头巾扭曲变形，按【Enter】键确定，得到效果（图 4-1-55）。

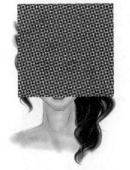

图 4-1-53 【彩色半调】对话框　　图 4-1-54 【彩色半调】效果

69. 切换至【图层】面板，单击【线稿】图层，选择工具箱中的【魔棒】 🪄 工具，建立选区（图 4-1-56）。

图 4-1-55 【变形】效果　　图 4-1-56 建立选区

70. 单击【头巾】图层，按快捷键【Shift＋Ctrl＋I】进行反选，按【Delete】键删除，按快捷键【Ctrl＋D】取消选择，得到效果（图 4-1-57）。

71. 切换至【图层】面板，单击【头巾】图层，将图层不透明度调为 100%，得到效果（图 4-1-58）。

图 4-1-57 反选删除效果　　图 4-1-58【调整图层不透明度】效果

72. 切换至【图层】面板，新建一个图层，重复操作（此处步骤省略，效果及参数如图 4-1-59），结合【Shift】键合并所有"头巾"图层，得到整体效果（图 4-1-60）。

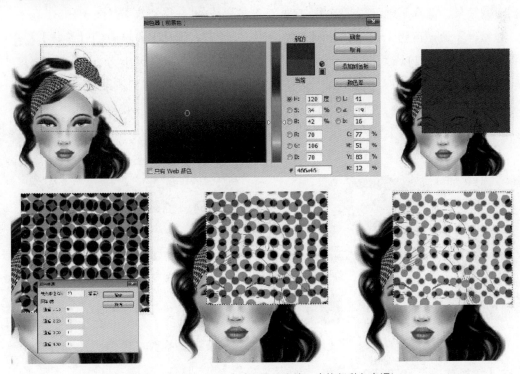

图 4-1-59（1）　头巾过程图（连续三次执行彩色半调）

图 4-1-59（2）　头巾过程图（执行三次彩色半调）　　　　　图 4-1-60 "头巾"完成图

73. 切换至【图层】面板，新建一个图层，命名为【阴影】，前景色设置为"白色"，选择工具箱中的【画笔】✐工具，选择画笔及设置参数（硬角大小为 10 像素，不透明度为 100％），绘制"白线条"，得到效果（图 4-1-61）。

74. 选择工具箱中的【涂抹】✐工具，设置涂抹参数（柔角大小为 100 像素，强度为 50％，），涂抹"白线条"，得到效果（图 4-1-62）。

前景色转换为"黑色"。

76. 选择工具箱中的【画笔】✐工具，绘制"黑线条"，得到效果（图 4-1-63）。

77. 选择工具箱中的【涂抹】✐工具，设置涂抹参数（柔角大小为 25 像素，强度 50％，），涂抹"黑线条"，得到效果（图 4-1-64）。

图 4-1-63　绘制效果　　　　　图 4-1-64【涂抹】效果

图 4-1-61　绘制效果　　　　　图 4-1-62【涂抹】效果

75. 点击【切换前景色和背景色】↺按钮，

78. 选择工具箱中的【画笔】✐工具，选择画笔及设置参数（硬角大小为 1 像素，不透明度为 100％）。

79. 切换至【图层】面板，选择【耳环】图层。选择工具箱中的【钢笔】 ，用钢笔工具绘制耳环路径（图 4-1-65），在画板空白处鼠标右击，选择【描边路径】，弹出对话框，选择【画笔】（取消勾选【模拟压力】），点击【确定】按钮，描边路径。切换至【路径】面板，点击路径面板空白处，取消路径的选择，得到效果（图 4-1-66）。

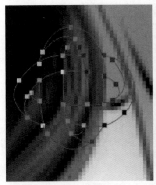

图 4-1-65　绘制路径　　　图 4-1-66　描边路径

80. 双击前景色按钮 ，弹出【拾色器】面板，设置颜色（图 4-1-67），点击【确定】按钮。

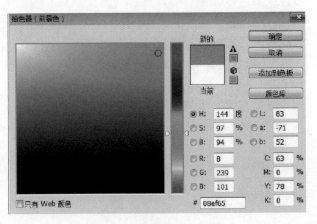

图 4-1-67　【拾色器】对话框

81. 切换至【图层】面板，单击【耳环】图层，选择工具箱中的【魔棒】 工具，建立选区（图 4-1-68）。

82. 按快捷键【Alt＋Delete】填充前景色，按快捷键【Ctrl＋D】取消选择，得到效果（图 4-1-69）。

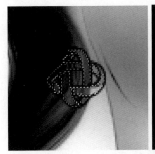

图 4-1-68　建立选区　　　图 4-1-69　【填充】效果

83. 绘制钻石（步骤参考第三章第四节钻石的绘制方法），绘制步骤图略（合并所有"耳环"图层），得到效果（图 4-1-70）。

84. 切换至【图层】面板，复制【耳环】图层，自动生成【耳环拷贝】图层，选择工具箱的移动 工具，将另一只耳环移动至合适位置，得到效果（图 4-1-71）。

图4-2-70　绘制钻石

图 4-1-71　复制耳环及完成效果图

第二节　女人体模特的绘制

一、实例效果

图 4-2-1　女人体模特的绘制实例效果

二、绘制步骤

（一）第一阶段：绘制线稿

1. 执行菜单【文件/新建】或者按住快捷键【Ctrl＋N】新建一个文件，设置名称为【女人体】，点击【确定】按钮（图 4-2-2）。

2. 按住快捷键【Ctrl＋R】显示标尺，根据标尺等距离设置九等分的参考线。选择工具箱中的

【钢笔】 ✎，在属性栏中选择【路径】选项，用钢笔工具按人体比例绘制肩线、腰围线、臀围线及垂线等参考线（图 4-2-3）。

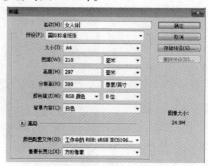

图 4-2-2　新建文件

3. 选择工具箱中的【椭圆】 ⬭ 工具，绘制人头，选择工具箱中的【钢笔】 ✎ 工具，根据参考线以直线形式概括绘制人体线条（图 4-2-4）。

4. 选择工具箱中的【钢笔】 ✎ 工具，根据参考线绘制人体线条（可以结合【添加描点】 ✎ 和【转换点】 ⌐ 工具，在需要调整的地方增加描点并移动至合适位置），得到效果（图 4-2-5）。

5. 选择工具箱中的【路径选择】 ⬐ 工具，结合【Shift】键，选中人体参考线，按【Delete】键，删除概括直线的线条，得到效果（图 4-2-6）。

6. 执行【视图/显示/参考线】命令，隐藏参考线。

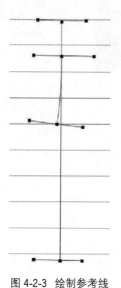

图 4-2-3　绘制参考线

图 4-2-4　直线绘制

图 4-2-5　绘制路径

图 4-2-6　完成效果

7. 切换至【路径】面板，双击【工作路径】储存路径，弹出对话框，命名为【人体】，点击【确定】按钮，储存【人体】路径（图 4-2-7）。

8. 切换至【图层】面板，点击面板下方的【创建分组】按钮，创建【组 1】，鼠标右键单击【组 1】，在弹出的对话框中将名称设置为【人体组】，点击【图层】面板中的【创建新图层】按钮 5 次，创建 5 个新图层并分别命名为【人体线稿】【发丝】【头发底色】【五官】【肤色】（图 4-2-8）。

9. 选择工具箱中的【画笔】 工具，选择画笔并设置画笔参数（尖角大小为 1 像素，不透明度为 100%）。切换至【图层】面板，单击【人体线稿】图层。点击【默认前景色和背景色】 ，设置前景

色为"黑色"。

图 4-2-7　储存路径　　　图 4-2-8　新建组及图层

图 4-2-9　描边路径　　　图 4-2-11　绘制效果　　　图 4-2-13　绘制效果

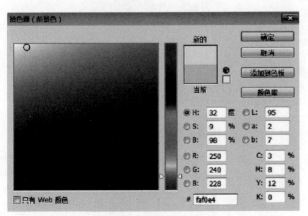
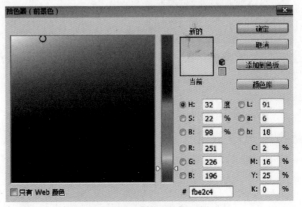

图 4-2-10　【拾色器】面板　　　图 4-2-12　【拾色器】面板

10. 选择工具箱中的【路径选择】工具，在画板空白处鼠标右击，选择【描边路径】，弹出对话框，选择【画笔】(取消勾选【模拟压力】)，点击【确定】，描边人体线稿路径，得到效果（图4-2-9）。切换至【路径】面板，点击路径面板空白处，取消【人体】路径的选择。

11. 双击前景色按钮，弹出【拾色器】面板，设置颜色（图4-2-10），点击【确定】按钮。

12. 切换至【图层】面板，单击【肤色】图层。选择工具箱中的【画笔】工具，选择画笔并设置画笔参数（柔角大小为45像素，不透明度为54%），绘制第一层肤色，得到效果（图4-2-11）。

13. 再次双击前景色按钮，弹出【拾色器】面板，设置颜色（略深于第一层颜色，图4-2-12），点击【确定】按钮。

14. 选择工具箱中的【画笔】工具，（画笔参数不变），在【肤色】图层上绘制第二层肤色，得到效果（图4-2-13）。

15. 第三次双击前景色按钮，弹出【拾色器】面板，设置颜色（略深于第二层颜色，图4-2-14），点击【确定】按钮。

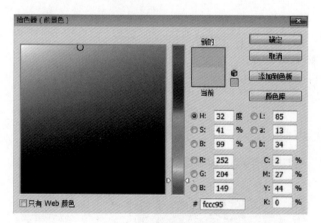

图4-2-14 【拾色器】面板

16. 选择工具箱中的【画笔】工具（画笔参数不变），在【肤色】图层上绘制第三层肤色，得到效果（图4-2-15）。

图4-2-15 绘制效果

（二）第二阶段：绘制五官

17. 切换至【图层】面板，单击【肤色】图层。选择工具箱中的【加深】工具，设置参数（柔角大小为9像素，曝光度为78%），加深脸部肤色（按住键盘上的左括号键【[】和右括号键【]】调整加深工具的大小），得到效果（图4-2-16）。

图4-2-16 【加深】效果

18. 点击【默认前景色和背景色】，设置前景色为【黑色】。

19. 切换至【图层】面板，单击【肤色】图层。选择工具箱中的【画笔】工具，选择画笔

并设置画笔参数（尖角大小为 1 像素，不透明度为
100%），绘制"眼睫毛"。

20. 双击前景色按钮▣，弹出【拾色器】面
板，设置颜色（图 4-2-17），点击【确定】按钮。

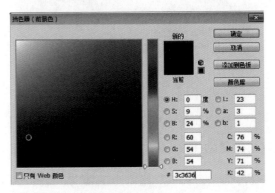

图 4-2-17【拾色器】面板

21. 选择工具箱中的【画笔】▣工具，调整
画笔参数（柔角大小为 40 像素，不透明度为
54%），绘制"瞳孔色"，得到效果（图 4-2-18）。

22. 点击【默认前景色和背景色】▣，按快
捷键【X】将前景色置换为"白色"。

23. 选择工具箱中的【画笔】▣工具，设置
画笔参数（尖角大小为 2 像素，不透明度为 100%）。

24. 切换至【图层】面板，单击【五官】图
层，绘制"瞳孔高光"，得到效果（图 4-2-19）。

图 4-2-18　绘制效果　　　　图 4-2-19【高光】效果

25. 点击【默认前景色和背景色】▣，设置
前景色为"黑色"。

26. 选择工具箱中的【画笔】▣工具，选择画
笔并设置画笔参数（尖角大小为 1 像素，不透明度
为 100%），绘制"眼线"，得到效果（图 4-2-20）。

图 4-2-20【眼线】效果

27. 双击前景色按钮▣，弹出【拾色器】
面板，设置颜色（图 4-2-21），点击【确定】
按钮。

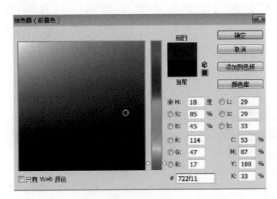

图 4-2-21【拾色器】面板

28. 选择工具箱中的【画笔】▣工具，选择
画笔并设置画笔参数（柔角大小为 9 像素，不透明
度为 54%），在【五官】图层上绘制"眼影色"，
得到效果（图 4-2-22）。

29. 选择工具箱中的【模糊】▣工具，设置
参数（柔角大小为 9 像素，强度为 50%），模糊
"眼影色"，得到效果（图 4-2-23）。

图 4-2-22　绘制效果　　　　图 4-2-23【模糊】效果

30. 双击前景色按钮▣，弹出【拾色器】面
板，设置颜色（图 4-2-24），点击【确定】按钮。

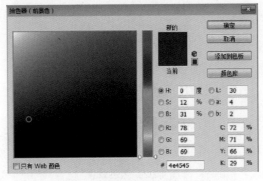

图 4-2-24【拾色器】面板

31. 选择工具箱中的【画笔】▣工具，选择
画笔并设置画笔参数（柔角大小为 8 像素，不透明
度为 52%），在【五官】图层上绘制"眉毛色"，
得到效果（图 4-2-25）。

32. 选择工具箱中的【画笔】▣工具，调整

画笔参数（柔角大小为 4 像素，不透明度为 100%），在【五官】图层上绘制"鼻孔色"，得到效果（图 4-2-26）。

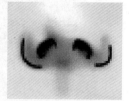

图 4-2-25 绘制效果 　　 图 4-2-26 绘制效果

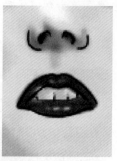

图 4-2-29 擦除效果

33. 双击前景色按钮，弹出【拾色器】面板，设置颜色（图 4-2-26），点击【确定】按钮。

36. 双击前景色按钮，弹出【拾色器】面板，设置颜色（图 4-2-30），点击【确定】按钮。

图 4-2-27 【拾色器】面板

图 4-2-30 【拾色器】面板

34. 选择工具箱中的【画笔】工具，调整画笔参数（柔角大小为 4 像素，不透明度为 54%），在【五官】图层上绘制"嘴唇色"，得到效果（图 4-2-28）。

37. 切换至【图层】面板，单击【五官】图层。选择工具箱中的【画笔】工具（参数不变），绘制"牙齿色"。

38. 选择工具箱中的【涂抹】工具（柔角大小为 5 像素，强度为 34%），涂抹"牙齿"，得到效果（图 4-2-31）。

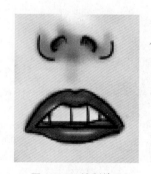

图 4-2-28 绘制效果

图 4-2-31 【涂抹】效果

35. 切换至【图层】面板，单击【人体线稿】图层。选择工具箱中的【橡皮擦】工具（尖角大小为 1 像素，不透明度为 100%），擦除"嘴唇"多余线条，得到效果（图 4-2-29）。

39. 双击前景色按钮，弹出【拾色器】面板，设置颜色（图 4-2-32），点击【确定】按钮。

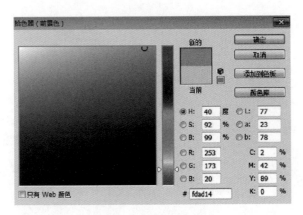

图 4-2-32 【拾色器】面板

40. 切换至【图层】面板，单击【头发底色】图层。选择工具箱中的【画笔】工具，调整画笔参数（柔角大小为 35 像素，不透明度为 54%），绘制"头发底色"（注意"留白"），得到效果（图4-2-33）。

图 4-2-35 绘制效果

41. 再次双击前景色按钮，弹出【拾色器】面板，设置颜色（比第一次略深，图 4-2-34），点击【确定】按钮。

42. 选择工具箱中的【画笔】工具（参数不变），绘制第二层"头发底色"，得到效果（图4-3-35）。

43. 第三次双击前景色按钮，弹出【拾色器】面板，设置颜色（比第二次略深，图 4-2-36），点击【确定】按钮。

图 4-2-33 绘制效果

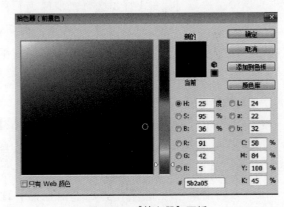

图 4-2-36 【拾色器】面板

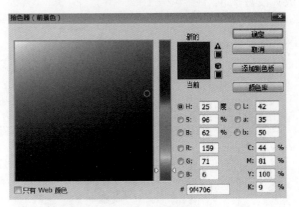

图 4-2-34 【拾色器】面板

44. 选择工具箱中的【画笔】工具（参数不变），绘制第三层"头发底色"，得到效果（图4-3-37）。

45. 切换至【路径】面板，点击【人体】路径，鼠标右键拖动到【路径】面板下面的【创建新路径】按钮，复制【人体】路径，自动生成【人体拷贝】路径。

图 4-2-37 绘制效果   图 4-2-38【删除路径】及【隐藏图层】效果   图 4-2-39 描边路径

46. 选择工具箱中的【路径选择】工具，结合【Shift】键，选中除了"头发"之外的所有路径，按【Delete】键删除多余路径，得到效果（图 4-3-38）。

47. 选择工具箱中的【画笔】工具，选择画笔及设置参数（选择自定【头发】画笔，不透明度为 100％）。

48. 切换至【图层】面板，点击【发丝】图层。在画板空白处鼠标右击，选择【描边路径】，弹出对话框，选择【画笔】（勾选【模拟压力】），点击【确定】，描边路径。切换至【路径】面板，点击路径面板空白处，取消路径的选择，得到效果（图 4-2-39）。

（三）第三阶段：绘制细节

49. 切换至【图层】面板，单击【人体线稿】图层。选择工具箱中的【魔棒】工具，结合【Shift】键，建立"鞋子"选区（图 4-2-40）。

50. 双击前景色按钮，弹出【拾色器】面板，设置颜色（图 4-2-41）。

51. 切换至【图层】面板，单击【肤色】图层。选择工具箱中的【画笔】工具，选择画笔及设置参数（柔角大小为 25 像素，不透明度为 55％），绘制"鞋子色"，得到效果（图 4-2-42）。

图 4-2-42 绘制效果   图 4-2-43【拾色器】面板

52. 双击前景色按钮，弹出【拾色器】面板，设置颜色（图 4-2-43）。

53. 选择工具箱中的【画笔】工具，选择画笔及设置参数（柔角大小为 8 像素，不透明度为 55％），绘制"指甲色"和"耳环色"，得到效果（图 4-3-44）。

图 4-2-40 建立选区   图 4-2-41【拾色器】面板

图 4-2-44　绘制效果

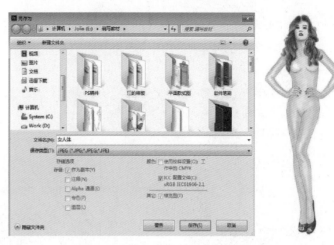

图 4-2-45　【另存为】对话框及完成效果图

54. 切换至【图层】面板，结合【Shift】键选中所有图层，按快捷键【Ctrl＋E】合并所有图层。

55. 按快捷键【Ctrl＋Shift＋S】另存为目标文件夹（图 4-2-45，文件名为【女人体 3】，保存为 JPG 格式）。

第三节　儿童人体模特的绘制

一、实例效果

图 4-3-1　儿童人体模特的绘制实例

二、绘制步骤

（一）第一阶段：绘制人体线稿

1. 执行菜单【文件/新建】或者按住快捷键【Ctrl＋N】新建一个文件，设置名称为【童装效果图】，点击【确定】按钮。

2. 切换至【图层】面板，点击面板下方的【创建分组】按钮，创建【组 1】，鼠标右键单击【组 1】，在弹出的对话框中将名称设置为【人体组】，点击【图层】面板中的【创建新图层】按钮 5 次，创建 5 个新图层并分别命名为【人体线稿】【发丝】【头发底色】【五官】【肤色】。

3. 按快捷键【Ctrl＋R】显示标尺，根据标尺等距离设置六等分的参考线。

4. 选择工具箱中的【椭圆】 工具，绘制人头，选择工具箱中的【钢笔】 工具，在属性栏中选择【路径】选项，以直线形式绘制人体概括线条（图 4-3-2）。

5. 执行【视图/显示/参考线】命令，隐藏参考线。

6. 选择工具箱中的【钢笔】 工具，根据参考线绘制人体线条（可以结合【添加描点】 和【转换点】 工具，在需要调整的地方增加描点并移动至合适位置），得到效果（图 4-3-3）。

7. 选择工具箱中的【路径选择】 工具，结合【Shift】键，选中参考线，按【Delete】键，删除概括直线的线条，得到效果（图 4-3-4）。

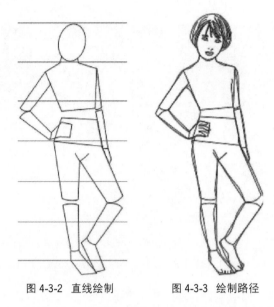

图 4-3-2 直线绘制　　图 4-3-3 绘制路径

8. 切换至【路径】面板，双击【工作路径】储存路径，弹出对话框，命名为【人体】，点击【确定】按钮。

9. 选择工具箱中的【画笔】 工具，选择画笔并设置画笔参数（尖角大小为 1 像素，不透明度和流量为 100％）。

10. 切换至【图层】面板，单击【人体线稿】图层。点击【默认前景色和背景色】 ，设置前景色为"黑色"。

11. 选择工具箱中的【路径选择】 工具，在画板空白处鼠标右击，选择【描边路径】，弹出对话框，选择【画笔】（取消勾选【模拟压力】），点击【确定】，描边"人体"路径，切换至【路径】面板，点击路径面板空白处，取消"人体"路径的选择，得到效果（图 4-3-5）。

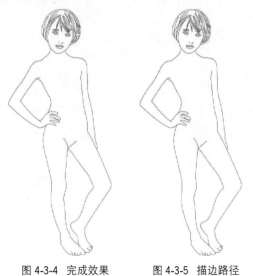

图 4-3-4 完成效果　　图 4-3-5 描边路径

（二）第二阶段：人体上色

12. 选择工具箱中的【魔棒】 工具，按住【Shift】键，选择"肤色"部分（图 4-3-6）。

图 4-3-6 建立选区

13. 双击前景色按钮 ，弹出【拾色器】面板，设置肤色（图 4-3-7），点击【确定】。

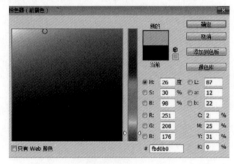

图 4-3-7【拾色器】面板

14. 切换至【图层】面板，单击【肤色】图层。选择工具箱中的【画笔】 工具，选择画笔并设置画笔参数（柔角大小为 200 像素，不透明度为 30％），绘制第一层肤色，得到效果（图 4-3-8）。

图 4-3-8 绘制效果

15. 再次双击前景色按钮![icon]，弹出【拾色器】面板，设置颜色（略深于第一层颜色，图 4-3-9），点击【确定】按钮。

16. 选择工具箱中的【画笔】![icon]工具，选择画笔并设置画笔参数（柔角大小为 60 像素，不透明度为 30%），在【肤色】图层上绘制第二层肤色，得到效果（图 4-3-10）。

图 4-3-9 【拾色器】面板

图 4-3-10 绘制效果

17. 第三次双击前景色按钮![icon]，弹出【拾色器】面板，设置颜色（略深于第二层颜色，图 4-3-11），点击【确定】按钮。

图 4-3-11 【拾色器】面板

18. 选择工具箱中的【画笔】![icon]工具，选择画笔并设置画笔参数（柔角大小为 60 像素，不透明度为 11%），在【肤色】图层上绘制第三层肤色，得到效果（图 4-3-12）。

图 4-3-12 绘制效果

（三）第三阶段：绘制五官

19. 点击【默认前景色和背景色】![icon]，设置前景色为"黑色"。

20. 切换至【图层】面板，单击【五官】图层。选择工具箱中的【画笔】![icon]工具，选择画笔并设置画笔参数（尖角为 1 像素，不透明度为 100%），绘制"眼睫毛"、"眼线"和"黑色瞳孔"（图 4-3-13）。

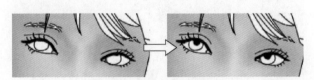

图 4-3-13 绘制效果

21. 选择工具箱中的【画笔】![icon]工具，选择画笔并设置画笔参数（柔角大小为 5 像素，不透明度为 53%），绘制"灰色瞳孔色"。

22. 调整画笔参数（柔角大小为 5 像素，不透明度为 28%），继续绘制"灰色瞳孔色"，得到效果（图 4-3-14）。

23. 点击【默认前景色和背景色】![icon]，点击【切换前景色和背景色】![icon]按钮，前景色转换为"白色"。

24. 选择工具箱中的【画笔】![icon]工具，选择画笔并设置画笔参数（尖角大小为 1 像素，不透明度为 100％），绘制眼球"高光"，得到效果（图 4-3-15）。

25. 点击【切换前景色和背景色】↺ 按钮，前景色转换为"黑色"。

26. 选择工具箱中的【画笔】✐ 工具，选择画笔并设置画笔参数（尖角大小为 2 像素，不透明度为 52％），刻画"瞳孔"细节，得到效果（图 4-3-16）。

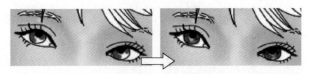

图 4-3-14 绘制效果

图 4-3-15 绘制"高光"效果

图 4-3-16 刻画"瞳孔"细节

27. 切换至【图层】面板，单击【人体线稿】图层。选择工具箱中的【橡皮擦】工具✐（柔角大小为 8 像素，不透明度为 52％），擦除多余"下眼线"及"鼻孔"线条，得到效果（图 4-3-17）。

图 4-3-17 【擦除】效果

28. 双击前景色按钮，弹出【拾色器】面板，选择颜色（图 4-3-18）。

图 4-3-18 【拾色器】面板

29. 选择工具箱中的【画笔】✐ 工具，选择画笔并设置画笔参数（柔角大小为 4 像素，不透明度为 50％），绘制"嘴唇色"，得到效果（图 4-3-19）。

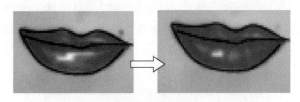

图 4-3-19 绘制效果

30. 双击前景色按钮，弹出【拾色器】面板，选择颜色（图 4-3-20）。

图 4-3-20 【拾色器】面板

31. 切换至【图层】面板，单击【头发底色】图层。选择工具箱中的【画笔】✐ 工具，选择画笔（柔角大小为 15 素，不透明度为 50％），绘制"头发底色"，得到效果（图 4-3-21）。

图 4-3-21 绘制效果

32. 再次双击前景色按钮，弹出【拾色器】面板，设置颜色（比第一次略深，图 4-3-22），点击【确定】按钮。

33. 选择工具箱中的【画笔】✐ 工具（参数不变），绘制第二层"头发底色"，得到效果（图 4-3-23）。

图 4-3-22 【拾色器】面板

图 4-3-25 【涂抹】效果

34. 点击【默认前景色和背景色】 ，设置前景色为"黑色"或"白色"（根据需要"黑色"加深暗部，"白色"提亮高光）。

35. 选择工具箱中的【画笔】 工具，选择画笔（柔角大小为 15 素，不透明度为 50%），加深"底色"及提亮"高光"，得到效果（图 4-3-24）。

图 4-3-26 【删除路径】及【隐藏图层】效果

层。在画板空白处鼠标右击，选择【描边路径】，弹出对话框，选择【画笔】（勾选【模拟压力】），点击【确定】，描边路径。切换至【路径】面板，点击路径面板空白处，取消路径的选择，得到效果（图 4-3-27）。

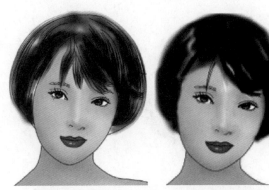

图 4-3-23 绘制效果　　图 4-3-24 绘制效果

36. 选择工具箱中的【涂抹】 工具，设置涂抹参数（柔角大小为 20 像素，强度为 76%），涂抹头发底色，得到效果（图 4-3-25）。

37. 切换至【路径】面板，点击【人体】路径，鼠标右键拖动到【路径】面板下面的【创建新路径】按钮，复制【人体】路径，自动生成【人体拷贝】路径。

38. 选择工具箱中的【路径选择】 工具，结合【Shift】键，选中除了"头发"之外的所有路径，按【Delete】键删除多余路径，得到效果（图 4-3-26）。

39. 选择工具箱中的【画笔】 工具，选择画笔及设置参数（选择自定【头发】画笔 ，不透明度为 100%）。

40. 切换至【图层】面板，点击【发丝】图

41. 选择工具箱中的【橡皮擦】 工具（不透明度为 100%），擦除多余"发丝"，得到效果（图 4-3-28）。

42. 选择工具箱中的【钢笔】 工具，绘制"蝴蝶结"，得到效果（图 4-3-29）。

43. 选择工具箱中的【画笔】 工具，选择画笔并设置画笔参数（尖角大小为 5 像素，不透明度和流量为 100%）。

图 4-3-27 描边路径　　　图 4-3-28 【擦除】效果

44. 点击【默认前景色和背景色】，设置前景色为“黑色”。切换至【图层】面板，点击【五官】图层。

45. 选择工具箱中的【路径选择】工具，在画板空白处鼠标右击，选择【描边路径】，弹出对话框，选择【画笔】（取消勾选【模拟压力】），点击【确定】，描边路径，切换至【路径】面板，点击路径面板空白处，取消路径的选择。

46. 选择工具箱中的【魔棒】工具，结合【Shift】键，选择“蝴蝶结”闭合部分，得到效果（图 4-3-30）。

图 4-3-29 绘制路径

图 4-3-30 建立选区

47. 双击前景色按钮，弹出【拾色器】面板，选择颜色（图 4-3-31）。

48. 选择工具箱中的【画笔】工具，选择画笔并设置画笔参数（柔角大小为 15 像素，不透明度为 72%），绘制“蝴蝶结”的颜色，得到效果（图 4-3-32）。

49. 执行菜单【文件/储存为】命令或按快捷键【Ctrl＋Shift＋S】，弹出【另存为】对话框（文件名设置为童装人体，保存类型为 JPEG 格式），点击【保存】。

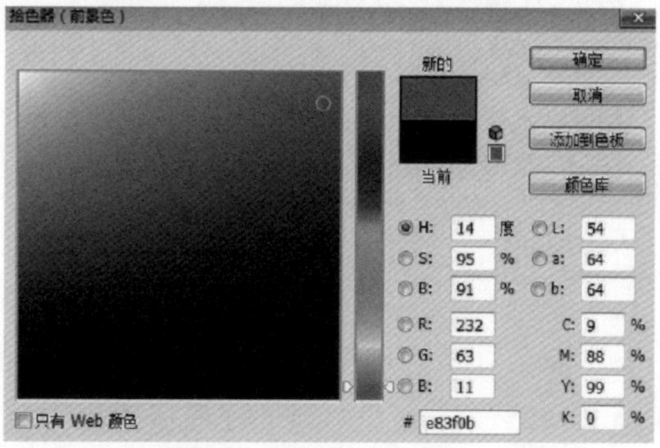

图 4-3-31 【拾色器】面板

图 4-3-32 完成效果图

本章小结

本章以人头像、女装模特、童装模特的绘制为例来进行讲解。人头像绘制的案例中强调了【发丝】画笔的定义和五官、头发质感的表现；在女装模特的绘制案例中强调加深、减淡工具的运用；在童装模特的绘制案例中强调画笔工具的表现技法。

操作技巧提示：

1. 善于运用参考线，避免人体比例失调。
2. 多次执行【加深】和【减淡】工具，可以丰富表现五官和肤色的层次。
3. 丰富头发颜色的层次感，运用【涂抹】工具自然融合。
4. 【自定义画笔】设置可以绘制头发发丝，比一根根的绘制发丝简单、快捷。
5. 执行【滤镜/径向模糊】及修改图层模式，绘制眼睛瞳孔的质感。

6. 人头像的绘制需要精细，人体的绘制以大效果为主，可略简五官绘制。

7. 选择不同的【画笔】及设置不同的参数，肤色则会有不同的质感体现。

思考练习题

1. 完成一个人头像的绘制。

2. 分别完成一个服装成人模特和童装模特的绘制。

第五章
服装效果图的绘制

　　服装效果图注重服装的着装具体形态以及细节描写，能够体现出肢体的动态和服装的质感，便于在产品制作中准确把握，以保证成衣在艺术和工艺上都能完美地体现设计意图。服装效果图表现服装设计的意念也具有独特的欣赏价值。

第一节　手绘线稿图的处理

通过扫描仪或高像素的相机将手稿图输出成 JPG 格式的图片文件，然后借助绘图软件完成上色和面料质感的处理。这种处理方式不仅能原滋原味地保留手稿图的自然和随意，还能大大地提高绘图的效率。

一、实例效果

图 5-1-1　手绘线稿图处理实例效果

二、操作步骤

（一）第一阶段：线稿图处理

1. 按住快捷键【Ctrl＋O】，出现对话框，点击打开图像文件（图 5-1-2）。（若为 JPG 格式，则图像文件可以是扫描件或照片。图片像素越高，其轮廓越清晰，后面的处理效果就越容易）。

2. 切换至【图层】面板，双击【背景】图层，弹出对话框，将其更名为【手稿图】，点击确定后解锁（图 5-1-3）。

3. 选择工具箱中的【剪裁】 工具，按住鼠标左键不松手拖动，减掉不要的部分（图 5-1-4）。

4. 执行菜单【图像/模式/灰度】，弹出对话

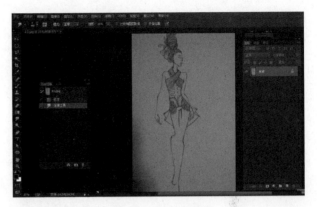

图 5-1-2　打开手稿图

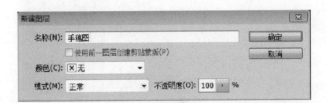

图 5-1-3　图层解锁

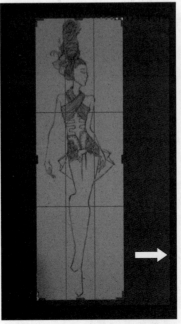

图 5-1-4　裁剪图片

框，点击【扔掉】按钮（图 5-1-5）。

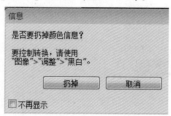

图 5-1-5　灰度模式

5. 执行【图像/调整/【亮度/对比度】】命令，弹出对话框，设置参数，点击【确定】按钮，得到效果（图 5-1-6）。

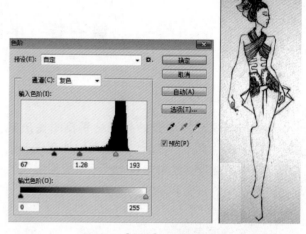

图 5-1-7　【色阶】对话框及效果

图 5-1-6　【亮度/对比度】对话框及效果

6. 执行【图像/调整/色阶】命令，弹出对话框，设置参数，点击【确定】按钮，得到效果（图 5-1-7）。（可反复执行此操作至轮廓线最清晰为最佳）。

7. 执行菜单【选择/色彩范围】命令，应用【吸管】在图像中点选背景，选中背景后执行菜单【选择/反向】命令，轮廓线被选中（图 5-1-8）。

8. 按快捷键【Ctrl＋C】复制选取，执行菜单【文件/新建】或者按快捷键【Ctrl＋N】新建一个文件，设置名称为【JPG 服装效果图处理】，点击【确定】按钮（图 5-1-9）。

9. 在新文件中按快捷键【Ctrl＋V】粘贴选区对象，在图层面板中自动生成【图层 1】，在"图层 1"字体上双击，更名为【线稿】（图 5-1-10）。

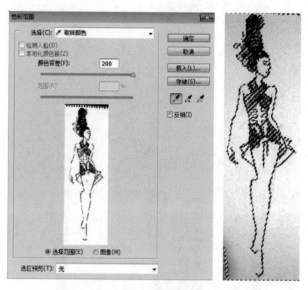

图 5-1-8　【色彩范围】对话框及效果

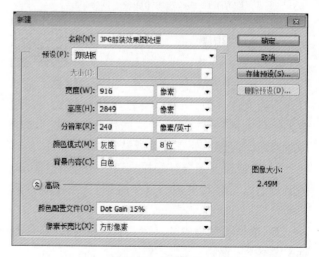

图 5-1-9　新建文件

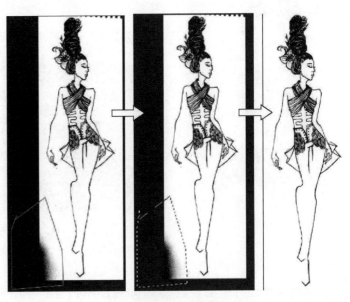

图 5-1-10　生成新图层　　　图 5-1-11　加深轮廓色　　　　　　　　图 5-1-12　删除背景

10. 在新文件中，执行菜单【选择/色彩范围】命令，应用【吸管】在图像中点选背景，选中背景后执行菜单【选择/反向】命令，轮廓线被选中。

11. 点击【默认前景色和背景色】■，设置前景色为"黑色"，按快捷键【Alt＋Delete】（点击 3 次，可加深轮廓颜色），将黑色填充在选区中的轮廓（图 5-1-11）。

12. 选择工具箱中的【多边形套索】■工具，勾画要删除的区域并形成选区，点击【线稿】图层，按【Delete】键删去选区内对象，可结合【橡皮擦】■工具（按住键盘上的左括号键【[】和右括号键【]】调整橡皮擦的大小），擦除背景。

13. 再次执行菜单【选择/色彩范围】命令，应用【吸管】在图像中点选背景，轮廓线之外的部分被选中，按键盘上【Delete】键去除轮廓线以外部分（可根据需要多次执行），得到效果（图 5-1-12）。

（二）第二阶段：填充肤色

14. 切换至【图层】面板，点击面板下方的【创建分组】按钮■，创建【组 1】，将名称设置为【肤色组】，点击【图层】面板中的【创建新图层】按钮■ 3 次，创建 3 个新图层并分别命名为【肤色】【头发】【脸】（图 5-1-13）。

15. 执行菜单【图像/模式/CMYK 颜色】，弹出对话框，点击【不拼合】按钮（图 5-1-14），弹出对话

框，单击【确定】按钮。

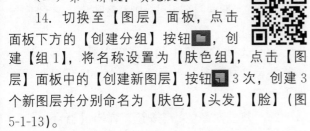

图 5-1-13　创建新组及新图层

图 5-1-14　更改颜色模式

16. 切换至【图层】面板，单击【线稿】图层。选择工具箱中的【魔棒】■工具，按住【Shift】键，选择肤色闭合部分（图 5-1-15）。

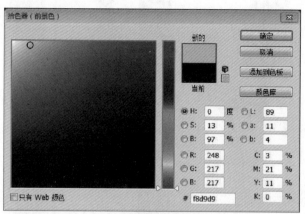

图 5-1-15 建立选区　　　　图 5-1-16 【拾色器】面板

图 5-1-17 填充选区

17. 切换至【图层】面板，单击【肤色】图层，双击前景色按钮，弹出【拾色器】面板，设置肤色（图 5-1-16）。

18. 按快捷键【Alt+Delete】，将前景色填充到选区，按快捷键【Ctrl+D】取消选区（图 5-1-17）。

19. 选择工具箱中的【画笔】工具，选择画笔并设置画笔参数（柔角大小为 100 像素，不透明度为 100%），在左手臂位置绘制（按住键盘上的左括号键【[】和右括号键【]】调整画笔的大小）。

20. 选择工具箱中的【橡皮擦】工具，设置画笔参数（柔角大小为 100 像素，不透明度为 100%），擦除左手臂轮廓以外部分，得到效果（图 5-1-18）。

21. 切换至【图层】面板，单击【线稿】图层，鼠标拖动【线稿】图层到【肤色组】的上面，得到效果（图 5-1-19）。

图 5-1-19 调整【图层】顺序效果

22. 切换至【图层】面板，单击【肤色】图层。选择工具箱中的【加深】工具（按住键盘上的左括号键【[】和右括号键【]】调整加深工具的大小），配合【Shift】键调整肤色，得到效果（图 5-1-20）。

23. 选择工具箱中的【画笔】工具，选择画笔并设置画笔参数（柔角大小为 100 像素，不透明度为 50%）。

24. 双击前景色按钮，弹出【拾色器】面板，设置颜色参数（图 5-1-21），在脸部和嘴唇位置绘制，得到效果（图 5-1-22）。

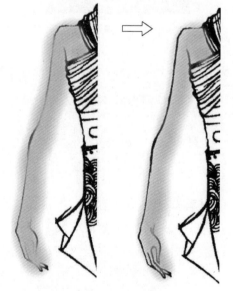

图 5-1-18 绘制及擦除效果

图 5-1-20　调整肤色

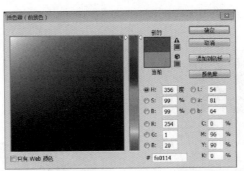

图 5-1-21　【拾色器】面板

图 5-1-22　腮红及嘴唇绘制

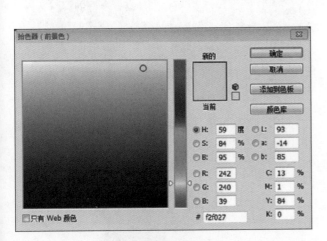

图 5-1-23　【拾色器】面板

图 5-1-24　绘制效果　　　图 5-1-25　头部细节处理

25. 双击前景色 按钮，弹出【拾色器】面板，设置颜色（图 5-1-23）。

26. 切换至【图层】面板，单击【头发】图层。选择工具箱中的【画笔】 工具，选择画笔并设置画笔参数（柔角大小为 100 像素，不透明度为 100%），在头发区域绘制，得到效果（图 5-1-24）。

27. 选择工具箱中的【橡皮擦】工具，擦除头发轮廓以外部分。用同样方法绘制头部其他细节，得到效果（图 5-1-25）。

（三）第三阶段：服装上色

28. 切换至【图层】面板，点击面板下方的【创建分组】按钮，创建【组 1】，鼠标右左键双击"组 1"，将名称设置为【上衣组】，点击【图层】面板中的【创建新图层】按钮

两次，创建两个新图层并分别命名为【印花 1】【印花 2】（图 5-1-26）。

图 5-1-26　创建新组及新图层

29. 按住快捷键【Ctrl＋O】打开一张 JPG 格式的印花图片，按快捷键【Ctrl＋A】全选，按快捷键【Ctrl＋C】复制，然后切换至【JPG 服装效果图处理】文件中，点击【印花 2】图层，按快捷键【Ctrl＋V】粘贴选区到【印花 2】图层中（图 5-1-27）。

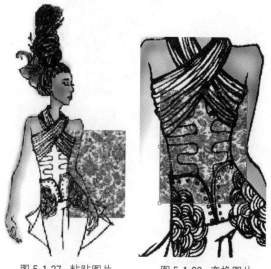

图 5-1-27 粘贴图片　　　图 5-1-28 变换图片

30. 在当前操作层【印花 1】中，选择工具箱中的【移动】工具，将印花图案移至衣服上方，按住快捷键【Ctrl＋T】对印花图案进行拖放，按【Enter】键应用变换（图 5-1-28）。

31. 切换至【图层】面板，单击【线稿】图层。选择工具箱中的【魔棒】工具，按住【Shift】键建立上衣部分选区（图 5-1-29）。

32. 切换至【印花 1】图层，按住快捷键【Ctrl＋Shift＋I】反选选区，按【Delete】键删除，按住快捷键【Ctrl＋D】取消选区，得到效果（图 5-1-30）。

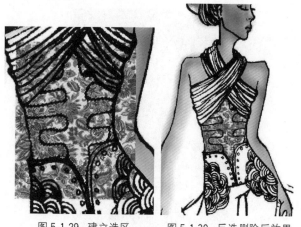

图 5-1-29 建立选区　　　图 5-1-30 反选删除后效果

33. 按住快捷键【Ctrl＋O】打开一张 JPG 格式的印花图片。选择工具箱中的【矩形选框】工具，框选后按快捷键【Ctrl＋C】复制，然后切换至【JPG 服装效果图处理】文件中，按快捷键【Ctrl＋V】粘贴选区到【印花 1】图层中（图 5-1-31）。

34. 按住快捷键【Ctrl＋T】对印花图案进行拖放，按【Enter】键应用变换（图 5-1-32）。

图 5-1-31 粘贴图片　　　图 5-1-32 变换图片

35. 执行菜单【编辑/变换/变形】命令，对象中出现网格，拖动网格各个手柄，将其变形，按【Enter】键应用变换（图 5-1-33）。

图 5-1-33 变形图片

36. 点击【印花 1】图层，鼠标右键单击执行【复制图层】，弹出对话框，命名为【印花 1 副本】（图 5-1-34）。

图 5-1-34 【复制图层】对话框

37. 按住快捷键【Ctrl＋T】，单击鼠标右键，选择【水平翻转】选项，对【印花 1 副本】进行水平翻转，按【Enter】键应用变换，选择工具箱中的【移动】⊕工具，将印花图案移至衣服适合位置，得到效果（图 5-1-35）。

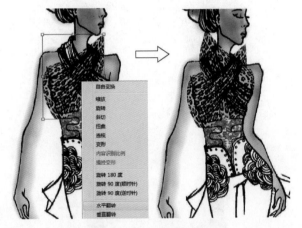

图 5-1-35 水平翻转图层

38. 切换至【图层】面板，单击【印花 1 副本】图层。用鼠标左键拖动【印花 1 副本】图层至【印花 1】图层下面。结合【Ctrl】键选中【印花 1】图层和【印花 1 副本】图层，鼠标右键单击执行【合并图层】，合并为【印花 1】图层（图 5-1-36）。

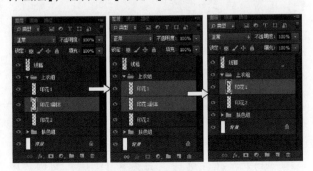

图 5-1-36 调整图层顺序及合并图层

39. 关闭【印花 1】图层前面的"眼睛"图标 👁，选择工具箱中的【钢笔】✐工具，在属性栏中选择【路径】选项，用钢笔工具绘制路径（图 5-1-37）。

图 5-1-37 钢笔属性选择及绘制路径（红线部分）

40. 切换至【路径】面板，双击【工作路径】，弹出对话框，命名为【衣服】，点击【确定】按钮（图 5-1-38）。

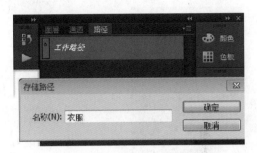

图 5-1-38 【储存路径】对话框

41. 点击路径面板下方【将路径作为选区载入】按钮 ▣，将路径转换成选区（图 5-1-39）。

42. 切换至【图层】面板，单击【印花 1】图层，打开【印花 1】图层前面的"眼睛"图标 👁。按住快捷键【Ctrl＋Shift＋I】反选选区，按【Delete】键删除，按快捷键【Ctrl＋D】取消选区，得到效果（图 5-1-40）。

图 5-1-39 路径转换为选区　　图 5-1-40 反选删除后效果

43. 切换至【图层】面板，点击面板下方的【创建分组】▢按钮，创建【组 1】，鼠标左键双击"组1",将名称设置为【裤子组】,点击【图层】面板中的【创建新图层】按钮■3次,创建3个新图层并分别命名为【底色】【高光】【后片】(图5-1-41)。

44. 选择工具箱中的【钢笔】■工具,用钢笔工具绘制裤子轮廓图形路径(不要绘制裤子镂空部分,对手稿中没有闭合的部分用钢笔绘制闭合路径),得到效果(图5-1-42)。

图 5-1-41 创建新组及新图层

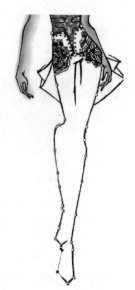

图 5-1-42 绘制路径

45. 切换至【路径】面板,双击【工作路径】弹出对话框,命名为【裤子】,点击【确定】按钮储存路径(图5-1-43)。点击路径面板下方【将路径作为选区载入】按钮■,将路径转换成选区(图5-1-44)。

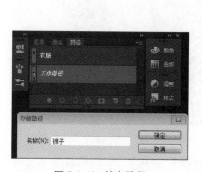

图 5-1-43 储存路径

图 5-1-44 路径转换为选区

46. 切换至【图层】面板,单击【底色】图层。点击【默认前景色和背景色】■按钮,设置前景色为黑色。

47. 按快捷键【Alt+Delete】,将前景色填充到选区,按快捷键【Ctrl+D】取消选区,得到效果(图5-1-45)。

48. 选择工具箱中的【钢笔】■工具,在属性栏中选择【路径】选项,用钢笔工具绘制裤子高光路径(图5-1-46)。

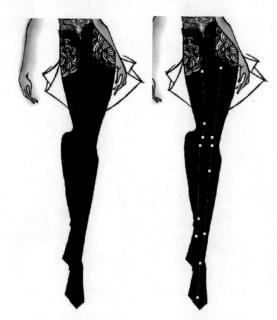

图 5-1-45 填充选区

图 5-1-46 绘制路径

49. 选择工具箱中的【画笔】■工具,选择画笔并设置画笔参数(柔角大小为27像素,不透明度为35%)。点击【切换前景色和背景色】■按钮,前景色转换为白色。

50. 切换至【图层】面板,单击【高光】图层。选择工具箱中的【钢笔】■工具,在面板中点击鼠标右键,选择【描边路径】,弹出对话框,选择画笔,(取消勾选"模拟压力"),点击【确定】按钮,得到效果(图5-1-47)。

51. 切换至【路径】面板,点击面板空白处,取消"高光"路径选择。切换至【图层】面板,单击【高光】图层。选择工具箱中的【涂抹】■工具,设置参数(柔角大小为35像素,强度为50%),涂抹高光,得到效果(图5-1-48)。

52. 选择工具箱中的【钢笔】■工具,用钢笔工具绘制裤子"折痕"路径(图5-1-49)。

图 5-1-47 【描边】效果

图 5-1-50　描边路径　　　图 5-1-51　【涂抹】效果

56. 调整【涂抹】🖌工具的参数（柔角大小为 45 像素，强度为 50%），顺着"高光"边缘位置横向涂抹（图 5-1-52），得到效果。

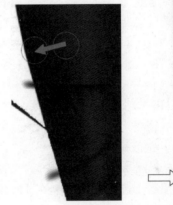

图 5-1-52　涂抹位置及效果

57. 选择工具箱中的【橡皮擦】🖌工具（不透明度为 100%），擦除多余部分，得到效果（图 5-1-53）。

图 5-1-48 【涂抹】效果　　　图 5-1-49　绘制路径

53. 切换至【图层】面板，单击【高光】图层。点击【默认前景色和背景色】🔲按钮，设置前景色为黑色。

54. 选择工具箱中的【画笔】🖌工具，设置画笔参数（尖角大小为 5 像素，不透明度为 100%），按【Enter】键描边路径，得到效果（图 5-1-50）。

55. 选择工具箱中的【涂抹】🖌工具（柔角大小为 5 像素，强度为 50%），顺着"折痕"描边略上位置横向涂抹高光（按住左括号键【[】和右括号键【]】可调整涂抹工具的大小），得到效果（图 5-1-51）。

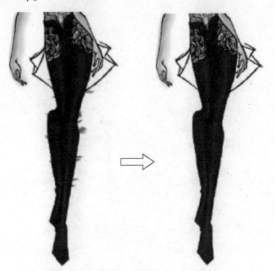

图 5-1-53 【擦除】后效果

58. 选择工具箱中的【钢笔】 工具，用钢笔工具绘制路径（图 5-1-54）。点击路径面板下方【将路径作为选区载入】按钮 ，将路径转换成选区（图 5-1-55）。

图 5-1-54　绘制路径　　　　图 5-1-55　路径转为选区

59. 切换至【图层】面板，单击【底色】图层，按【Delete】键删除选区对象，按快捷键【Ctrl+D】取消选区，得到效果（图 5-1-56）。

60. 按住快捷键【Ctrl+O】打开一张 JPG 格式的印花图片。按快捷键【Ctrl+A】全选，按快捷键【Ctrl+C】复制，然后切换至【JPG 服装效果图处理】文件中，单击【后片】图层，按快捷键【Ctrl+V】粘贴印花图片到【后片】图层中（图 5-1-57）。

61. 执行菜单【编辑/变换/变形】命令，对象中出现网格，拖动网格各个手柄，将其变形（图 5-1-58），按【Enter】键应用变换。

62. 关闭【后片】图层前面的"眼睛"图标 ，单击【线稿】图层。选择工具箱中的【魔棒】 工具，结合【Shift】键选择"空白色"闭合部分（图 5-1-58）。

图 5-1-56　【删除】后效果　　图 5-1-57　粘贴图片

图 5-1-58　【变形】效果　　图 5-1-59　建立选区

图 5-1-60　反选删除后效果

63. 切换至【图层】面板，点击【后片】图层，打开【后片】图层前面的"眼睛"图标 ，按住快捷键【Ctrl+Shift+I】反选选区（图 5-1-59），按【Delete】键删除，按快捷键【Ctrl+D】取消选区，得到效果（图 5-1-60）。

（四）第四阶段：细节处理

64. 切换至【图层】面板，点击【印花 1】图层，选择工具箱中的【加深】 工具，配合【Shift】键，调整豹纹印花明暗。点击【印花 2】图层，配合【Shift】键，使用【加深】 工具调整衣服印花明暗，得到效果（图 5-1-61）。

65. 点击【后片】图层，选择工具箱中的【加深】 工具，配合【Shift】键，调整裤子印花明暗，得到效果（图 5-1-62）。

66. 选择工具箱中的【画笔】 工具，设置画笔参数（尖角大小为 9 像素，不透明度为 100%）。点击【默认前景色和背景色】 按钮，设置前景色为黑色。

图 5-1-61　调整衣服明暗　　图 5-1-62　【加深】效果

67. 切换至【图层】面板，点击【线稿】图层，配合【Shift】键，修补裤子轮廓线，得到效果（图 5-1-63）。

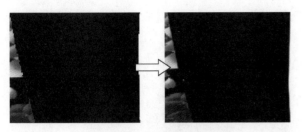

图 5-1-63　修补裤子轮廓线

68. 选择工具箱中的【涂抹】工具，分别在【线稿】、【底色】图层上调整鞋子形状（图 5-1-64）。

69. 点击【切换前景色和背景色】按钮，前景色转换为白色。选择工具箱中的【画笔】工具，设置不透明度为 30％，点击【线稿】图层，绘制【白色小点】，选择工具箱中的【涂抹】工具，涂抹【白色点】，得到高光效果（图 5-1-65）。

图 5-1-64　【涂抹】效果

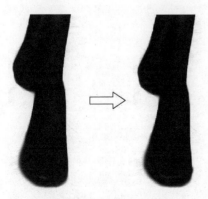

图 5-1-65　【涂抹】高光效果

70. 选择工具箱中的【钢笔】工具，用钢笔工具绘制鞋子路径（图 5-1-66）。

图 5-1-66　绘制路径

71. 切换至【图层】面板，点击【新建图层】按钮，新建一个图层，位于【线稿】图层上面，命名为【鞋子】。

72. 点击【默认前景色和背景色】按钮，设置前景色为黑色。选择工具箱中的【画笔】工具（尖角大小为 3 像素，不透明度为 100％）。按【Enter】描边路径，切换至【路径】面板，点击面板空白处，取消路径选择，得到效果（图 5-1-67）。

73. 切换至【图层】面板，点击【底色】图层，选择工具箱中的【涂抹】工具，涂抹式填色。选择工具箱中的【橡皮擦】工具（不透明度为 100％），擦除多余部分，得到效果（图 5-1-68）。

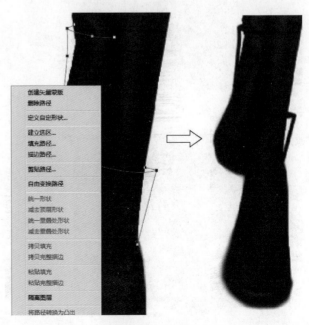

图 5-1-67　描边路径

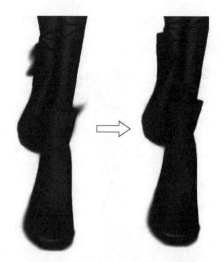

图 5-1-68 【涂抹】及【删除】后效果

74. 换至【图层】面板，点击面板下方的【创建分组】▇按钮，创建【组 1】，鼠标左键双击"组 1"，将名称设置为【配件】，点击【新建图层】▇按钮，新建两个图层，分别命名为【闪光】【钻】（图 5-1-69）。

75. 点击【钻】图层，选择工具箱中【椭圆选框】▇工具绘制一个正圆（图 5-1-70）。

图 5-1-69 新建组与图层

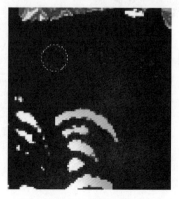

图 5-1-70 绘制选区

76. 双击前景色▇按钮，弹出【拾色器】面板，设置颜色参数（图 5-1-71），点击【确定】按钮。

图 5-1-71 【拾色器】面板

77. 选择工具箱中【渐变】▇工具，属性选择【菱形渐变】▇，在正圆选区填充渐变色，得到效果（图 5-1-72）。

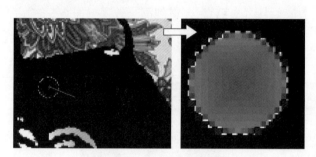

图 5-1-72 渐变填充

78. 切换至【图层】面板，点击面板下方的【添加图层样式】▇按钮，选择【混合选项】，弹出对话框，勾选【斜面和浮雕】和【颜色叠加】，点击【确定】按钮，得到效果（图 5-1-73）。

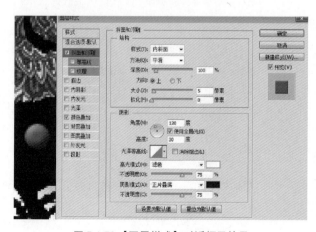

图 5-1-73 【图层样式】对话框及效果

79. 点击【切换前景色和背景色】↔按钮，前景色转换为"白色"。选择工具箱中的【画笔】✎工具，选择画笔及设置画笔参数（选择【星形70像素】画笔，大小设置为35像素，不透明度为100%）。

80. 切换至【图层】面板，点击【闪光】图层，在"闪钻"上连续点击，得到效果（图5-1-74）。

81. 切换至【图层】面板，结合【Ctrl】键选中【钻】图层和【闪光】图层，鼠标右键单击执行【合并图层】，自动生成【闪光】图层。

82. 选择工具箱中【移动】➤✛工具，按住【Alt＋Ctrl】键，拖动鼠标复制【配件】组，自动形成【配件拷贝】组，移动至合适位置。重复操作15次，得到效果（图5-1-75）。

图5-1-74 "闪光"效果　　图5-1-75 【复制组】效果

图5-1-76 选择组及整体效果

83. 切换至【图层】面板，结合【Shift】键选中【配件】组及所有【配件拷贝】组，按快捷键【Ctrl＋E】合并组，自动生成为【配件拷贝15】图层，得到效果（图5-1-76）。

（五）第五阶段：添加背景

84. 切换至【图层】面板，分别点击【后片】【印花1】【印花2】图层，并按快捷键【Ctrl＋U】，分别对【色相】【饱和度】【明度】设置不同的参数（点击【着色】），可变化不同的颜色。

85. 按快捷键【Ctrl＋O】打开素材图片，按快捷键【Ctrl＋A】全选图片，按快捷键【Ctrl＋C】复制，然后切换至【JPG服装效果图处理】文件中，点击【背景图】图层，按快捷键【Ctrl＋V】粘贴选区图案到【背景图】图层中。

86. 按快捷键【Ctrl＋T】自由变换"背景图案"至合适大小，按【Enter】键确认变换，得到效果（图5-1-77）。

图5-1-77 变换"背景图"及完成效果

第二节　女装效果图的绘制

一、实例效果

图 5-2-1　女装效果图的绘制实例效果

二、操作步骤

（一）第一阶段：绘制皮衣

1. 执行菜单【文件/新建】或者按住快捷键【Ctrl＋N】新建一个文件，设置名称为【女装效果图】，点击【确定】按钮，切换至【图层】面板，点击面板下方的【创建新图层】按钮，创建一个新图层并命名为【人体】。

2. 执行【菜单/文件/置入嵌入对象】命令，置入一张"女人体模特" JPG 格式图片（女人体模特绘制步骤见第四章第二节）。将置入的 JPG 图片图层栅格化并命名为【人体】图层。

3. 按快捷键【Ctrl＋T】自由变换"女人体模特"至合适大小，按【Enter】键确认变换，得到效果（图 5-2-2）。

4. 切换至【图层】面板，点击面板下方的【创建分组】按钮，创建【组 1】，鼠标右键单击"组 1"，在弹出的对话框中将名称设置为【裙子

组】，点击【图层】面板中的【创建新图层】按钮 3 次，创建 3 个新图层并分别命名为【线稿 1】【印花 1】【印花 2】。

5. 再次点击面板下方的【创建分组】按钮，创建【组 1】，鼠标右键单击【组 1】，在弹出的对话框中将名称设置为【衣服组】，点击【图层】面板中的【创建新图层】按钮 两次，创建两个新图层并分别命名为【线稿 2】【皮衣】（图 5-2-3）。

图 5-2-2　导入人体模特

图 5-2-3　新建组与图层

6. 选择工具箱中的【钢笔】 ，以"人体"为基线绘制服装路径，给模特"穿上"服装（图5-2-4）。切换至【路径】面板，双击【工作路径】储存路径，弹出对话框，命名为【衣服】，点击【确定】按钮。

7. 点击【默认前景色和背景色】按钮 ，设置前景色为黑色。选择工具箱中的【画笔】 工具，选择画笔并设置画笔参数（尖角大小为1像素，不透明度为100%）。

8. 切换至【图层】面板，单击【线稿2】图层，在画板空白处鼠标右击，选择【描边路径】，弹出对话框，选择画笔（取消勾选"模拟压力"），点击【确定】，描边"衣服"路径。切换至【路径】面板，点击路径面板空白处，取消"衣服"路径的选择。

小提示：如果采用手绘板绘制服装效果图线稿，则可以忽略6、8步骤，运用手绘板直接选择【画笔】 工具在人体模板上绘制服装线稿。

9. 切换至【图层】面板，单击【线稿2】图层，选择工具箱中的【魔棒】 工具，结合【Shift】键，建立选区（图5-2-5）。

图 5-2-4　绘制路径　　　　图 5-2-5　建立选区

10. 双击前景色按钮 ，弹出【拾色器】面板，设置颜色参数（图5-2-6），点击【确定】按钮。

图 5-2-6　【拾色器】面板

11. 切换至【图层】面板，单击【皮衣】图层，按快捷键【Alt＋Delete】将前景色填充至选区，得到效果（图5-2-7中左图）。

12. 点击【默认前景色和背景色】按钮 ，设置前景色为"黑色"。选择工具箱中的【画笔】 工具，选择画笔并设置画笔参数（柔角大小为45像素，不透明度为100%），在【皮衣】图层绘制，得到效果（图5-2-7中右图）。

图 5-2-7　填充选区与绘制效果

13. 选择工具箱中的【涂抹】 工具（柔角大小为60像素，强度为76%），反复涂抹，得到效果（图5-2-8）。

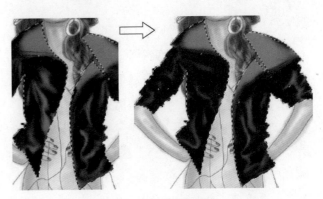

图 5-2-8　【涂抹】效果

14. 点击【切换前景色和背景色】 按钮，将前景色转换为"白色"。选择工具箱中的【画笔】 工具，选择画笔并设置画笔参数（柔角大小为60像素，不透明度为100%），在【皮衣】图层绘制"高光"（图5-2-9）。

111

图 5-2-9　绘制效果

15. 选择工具箱中的【涂抹】 🖌工具，设置参数（柔角大小为 40 像素，强度为 76％），反复涂抹，按快捷键【Ctrl＋D】取消选择，得到效果（图 5-2-10）。

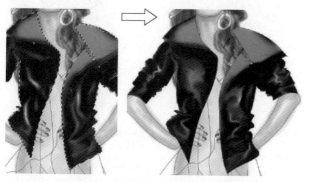

图 5-2-10　【涂抹】效果

16. 切换至【图层】面板，单击【线稿 2】图层，选择工具箱中的【魔棒】 ✦工具，结合【Shift】键，建立领子的"毛"部分选区。

17. 切换至【图层】面板，单击【皮衣】图层，选择工具箱中的【涂抹】 🖌工具，设置参数（柔角大小为 45 像素，强度为 76％），以打圈圈的方式反复涂抹，得到效果（图 5-2-11）。

图 5-2-11　【涂抹】效果

18. 按快捷键【Ctrl＋M】，弹出【曲线】对话框，设置参数（图 5-2-12），得到效果（图 5-2-13）。

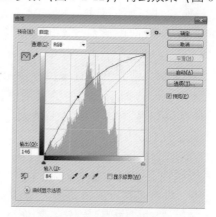

图 5-2-12　【曲线】对话框

19. 按快捷键【Ctrl＋D】取消选择，选择工具箱中的【涂抹】 🖌工具（柔角大小为 8 像素，强度为 76％），以打圈圈的方式在边缘部分反复涂抹，得到效果（图 5-2-14）。

20. 切换至【图层】面板，单击【皮衣】图层，设置【皮衣】图层的不透明度为 50％，得到效果（图 5-2-15）。

21. 选择工具箱中的【橡皮擦】工具 🖌，设置参数（尖角大小为 35 像素，不透明度为 100％），在被衣服遮住的"头发"上擦除，显露出"头发"。切换至【图层】面板，单击【皮衣】图层，设置【皮衣】图层的不透明度为 100％，得到效果（图 5-2-16）。

图 5-2-13　【曲线】效果　　　图 5-2-14　【涂抹】效果

图 5-2-15　【不透明度】效果　　　图 5-2-16　【擦除】效果

（二）第二阶段：绘制印花裙

22.执行【菜单/文件/置入嵌入对象】命令，置入一张面料素材图片（图 5-2-17），将置入的 JPG 格式图片的图层栅格化并命名为【印花 1】图层。

图 5-2-17　置入图片

23.选择工具箱中的【移动】 工具，将印花图案移至裙子适合位置，执行菜单【编辑/变换/变形】命令，对象中出现网格，拖动网格各个手柄，将其变形（图 5-2-18），按【Enter】键应用变换。

24.切换至【图层】面板，单击【线稿 2】图层，选择工具箱中的【魔棒】 工具，结合【Shift】键，建立选区（图 5-2-19）。

图 5-2-18　【变形】效果　　　　图 5-2-19　建立选区

25.关闭【印花 1】图层前面的"眼睛" 隐藏图层。双击前景色按钮 ，弹出【拾色器】面板，设置任意颜色，点击【确定】按钮。切换至

【图层】面板，新建一个图层（位于【印花 1】图层下），按快捷键【Alt＋Delete】将前景色到填充选区，得到效果（图 5-2-20）。

26.切换至【图层】面板，单击【印花 1】图层，按快捷键【Ctrl＋Alt＋G】创建剪切蒙版，设置【印花 1】图层的不透明度为 100％，得到效果（图 5-2-21）。

图 5-2-20　填充效果　　　　图 5-2-21　【剪切蒙版】效果

27.重复操作，执行【菜单/文件/置入嵌入对象】命令，置入一张面料素材图片（图 5-2-22），将置入的 JPG 格式图片图层栅格化并命名为【印花 2】图层。

28.选择工具箱中的【移动】 工具，将印花图案移至裙子适合位置，执行菜单【编辑/变换/变形】命令，对象中出现网格，拖动网格各个手柄，将其变形（图 5-2-23），按【Enter】键应用变换。

图 5-2-22　置入图片　　　　图 5-2-23　【变形】效果

29.切换至【图层】面板，单击【线稿 2】图层，选择工具箱中的【魔棒】 工具，结合【Shift】键，建立选区（图 5-2-24）。

30. 双击前景色按钮 ■，弹出【拾色器】面板，设置任意颜色，点击【确定】按钮。切换至【图层】面板，新建一个图层（位于【印花 2】图层下），按快捷键【Alt＋Delete】将前景色到填充选区。

31. 切换至【图层】面板，单击【印花 2】图层，按快捷键【Ctrl＋Alt＋G】创建剪切蒙版，得到效果（图 5-2-25）。

图 5-2-24　建立选区　　图 5-2-25　【剪切蒙版】效果

32. 选择工具箱中的【加深】 ● 工具，设置参数（柔角大小为 35 像素，曝光度为 48％），加深"阴影"，得到效果（图 5-2-26）。

33. 选择工具箱中的【减淡】 ● 工具，设置参数（柔角大小为 50 像素，曝光度为 26％），提亮"裙子高光"，按快捷键【Ctrl＋D】取消选区，得到效果（图 5-2-27）。

34. 切换至【图层】面板，单击【线稿 2】图层，选择工具箱中的【魔棒】 ※ 工具，结合【Shift】键，建立选区（图 5-2-28）。

图 5-2-26　【加深】效果　　图 5-2-27　【减淡】效果

图 5-2-28　建立选区

35. 切换至【图层】面板，单击【印花 2】图层，按快捷键【Ctrl＋M】，弹出【曲线】对话框，设置参数，得到效果（图 5-2-29）。

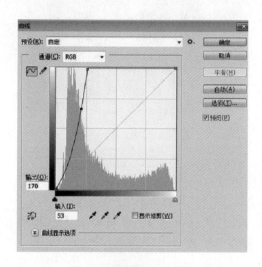

图 5-2-29　【曲线】对话框及【曲线】效果

（三）第三阶段：细节处理

36. 切换至【图层】面板，单击【线稿 2】图层，选择工具箱中的【橡皮擦】 ✎ 工具，设置参数（尖角大小为 35 像素，不透明度为 100％），擦除"皮衣"上的线条，得到效果（图 5-2-30）。

37. 切换至【图层】面板，单击【皮衣】图层，选择工具箱中的【涂抹】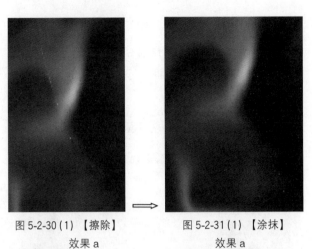工具（柔角大小为 25 像素，强度为 76%），在被擦留白处轻微涂抹，得到效果（图 5-2-31）。

（尖角大小为 10 像素，不透明度为 100%），在"手"被遮住的位置擦除线条，切换至【图层】面板，设置【印花 1】图层的不透明度为 100%，得到效果（图 5-2-33）。

图 5-2-32【不透明度】效果　　图 5-2-33 【擦除】效果

40. 切换至【图层】面板，分别点击【皮衣】【印花 1】【印花 2】图层，并按快捷键【Ctrl＋U】，分别对"色相""饱和度""明度"设置不同的参数（点击【着色】），可变化不同的颜色（图 5-2-34）。

图 5-2-30（1）【擦除】　　　图 5-2-31（1）【涂抹】
　　　效果 a　　　　　　　　　　效果 a

图 5-2-30（2）【擦除】　　　图 5-2-31（2）【涂抹】
　　　效果 b　　　　　　　　　　效果 b

图 5-2-34　完成图及【变换颜色】效果

图 5-2-30（3）【擦除】　　　图 5-2-31（3）【涂抹】
　　　效果 c　　　　　　　　　　效果 c

38. 切换至【图层】面板，单击【印花 1】图层，设置【印花 1】图层的不透明度为 50%（图 5-2-32）。

39. 切换至【图层】面板，单击【线稿】图层，选择工具箱中的【橡皮擦】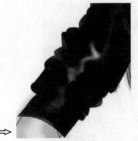工具，设置参数

第三节　男装效果图的绘制

一、实例效果

图 5-3-1　男装效果图的绘制实例效果

二、操作步骤

（一）第一阶段：绘制服装

1. 执行菜单【文件/新建】或者按住快捷键【Ctrl＋N】新建一个文件，设置名称为【男装效果图】，点击【确定】按钮，切换至【图层】面板，点击面板下方的【创建新图层】按钮，创建一个新图层并命名为【人体】。

2. 执行【菜单/文件/置入嵌入对象】命令，置入一张"男服装模特"JPG 格式图片（图 5-3-2），将置入的 JPG 格式图片图层栅格化并命名为【人体】图层。

3. 按快捷键【Ctrl＋T】自由变换"男人体模特"至合适大小，按【Enter】键确认变换，得到效果（图 5-3-2）。

4. 切换至【图层】面板，点击面板下方的【创建分组】按钮，创建【组 1】，鼠标右键单击【组 1】，在弹出的对话框中将名称设置为【衣服组】，点击【图层】面板中的【创建新图层】按钮 11 次，创建 11 个新图层（图层顺序及名称如图 5-3-3）。

5. 选择工具箱中的【钢笔】工具，以"人体"为基线绘制服装路径，给模特穿上服装（图 5-

3-4）。切换至【路径】面板，双击【工作路径】储存路径，弹出对话框，命名为【衣服】，点击【确定】按钮。

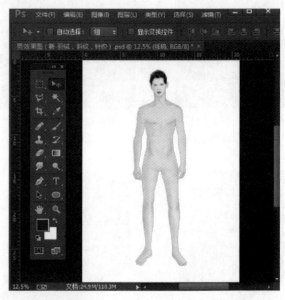

图 5-3-2　打开及变换【人体】

图 5-3-3　新建组及图层

图 5-3-4　绘制衣服路径

6. 点击【默认前景色和背景色】按钮，设置前景色为黑色。选择工具箱中的【画笔】工具，选择画笔并设置画笔参数（尖角大小为 1 像素，不透明度为 100%）。

7. 切换至【图层】面板，单击【线稿】图层，在画板空白处鼠标右击，选择【描边路径】，弹出对话框，选择画笔（取消勾选"模拟压力"），点击【确定】，描边"衣服"路径。切换至【路径】面板，点击路径面板空白处，取消"衣服"路径的选择。

小提示：如果采用手绘板绘制服装效果图线稿，就可以忽略步骤 5、步骤 7，运用手绘板直接选择【画笔】🖌工具在人体模板上绘制服装线稿。

8. 双击前景色按钮，弹出【拾色器】面板，设置颜色参数（图 5-3-5），点击【确定】按钮。

图 5-3-5 【拾色器】对话框

9. 切换至【图层】面板，单击【线稿】图层，选择工具箱中的【魔棒】工具，结合【Shift】键，建立选区（图 5-3-6 中左图）。

10. 切换至【图层】面板，单击【衣服】图层，按快捷键【Alt＋Delete】将前景色到填充选区，得到效果（图 5-3-6 中右图）。

11. 双击前景色按钮，弹出【拾色器】面板，设置颜色参数（图 5-3-7），点击【确定】按钮。

12. 切换至【图层】面板，单击【羽绒阴影】图层，选择工具箱中的【画笔】工具，选择画笔并设置画笔参数（柔角大小为 30 像素，不透明度为 100%），在"绗缝"位置绘制线条（图 5-3-8）。

图 5-3-6 建立选区、填充选区

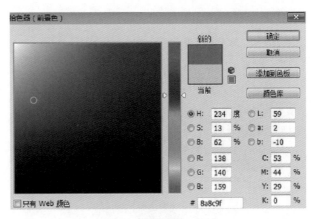

图 5-3-7 【拾色器】对话框

图 5-3-8 绘制效果

13. 选择工具箱中的【涂抹】工具（柔角大小为 40 像素，强度为 76%），短拉式涂抹，得到效果（图 5-3-9）。

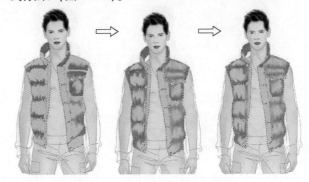

图 5-3-9 【涂抹】过程及效果

14. 双击前景色按钮，弹出【拾色器】面板，设置颜色参数（图 5-3-10），点击【确定】按钮。

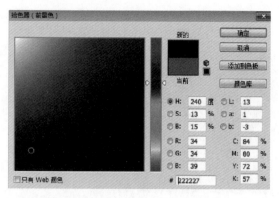

图 5-3-10 【拾色器】对话框

15. 选择工具箱中的【画笔】 ✎ 工具，选择画笔并设置画笔参数（柔角大小为 13 像素，不透明度为 100%），在"绗缝"位置绘制线条（图 5-3-11）。

图 5-3-11 绘制效果

16. 选择工具箱中的【涂抹】 ✎ 工具（参数不变），短拉式涂抹，按快捷键【Ctrl＋D】，取消选区，得到效果（图 5-3-12）。

图 5-3-12 【涂抹】过程及效果

17. 切换至【图层】面板，单击【线稿】图层，选择工具箱中的【魔棒】 ✎ 工具，结合【Shift】键，建立选区（图 5-3-13）。

图 5-3-13 建立选区

18. 双击前景色按钮 ✎ ，弹出【拾色器】面板，设置颜色参数（图 5-3-14），点击【确定】按钮。

图 5-3-14 【拾色器】对话框

19. 切换至【图层】面板，单击【裤子】图层，按快捷键【Alt＋Delete】将前景色填充到选区，得到效果（图 5-3-15）。

20. 选择工具箱中的【加深】 ✎ 工具，设置参数（柔角大小为 153 像素，曝光度为 78%），加深"阴影"，得到效果（图 5-3-16）。

图 5-3-15 填充效果　　图 5-3-16 【加深】效果

21. 双击前景色按钮，弹出【拾色器】面板，设置颜色参数（图 5-3-17），点击【确定】按钮。

图 5-3-17 【拾色器】对话框

22. 切换至【图层】面板，单击【裤子阴影】图层，选择工具箱中的【画笔】工具，选择画笔并设置画笔参数（柔角大小为 27 像素，不透明度为 100%），在"阴影"位置绘制线条（图 5-3-18）。

图 5-3-18 绘制效果

23. 选择工具箱中的【涂抹】工具（柔角大小 40 像素，强度 79%），中拉式涂抹，按快捷键【Ctrl+D】，取消选区，得到效果（图 5-3-19）。

24. 按住快捷键【Ctrl+O】打开一张面料素材图片，按快捷键【Ctrl+A】全选图案，按快捷键【Ctrl+C】复制，然后切换至【男装效果图】文件中，点击【斜纹】图层，按快捷键【Ctrl+V】粘贴选区图案到【斜纹】图层中（图 5-3-20）。

25. 按快捷键【Ctrl+T】自由变换面料至合适大小，移动至合适位置（图 5-3-21），点击【确定】按钮。

图 5-3-19 【涂抹】效果

图 5-3-20 粘贴面料　　图 5-3-21 【自由变换】效果

26. 切换至【图层】面板，关闭【斜纹】图层前面的"眼睛"图标，单击【线稿】图层，选择工具箱中的【魔棒】工具，结合【Shift】键，建立选区（图 5-3-22）。

27. 点击【斜纹】图层，打开【斜纹】图层前面的"眼睛"图标，按快捷键【Ctrl+Shift+I】反选选区，按【Delete】键删除，按快捷键【Ctrl+D】取消选区，得到效果（图 5-3-23）。

图 5-3-22　建立选区　　图 5-3-23 【删除】效果

119

28. 切换至【图层】面板，选择【斜纹】图层，修改图层模式为【叠加】，不透明度为 45％，得到效果（图 5-3-24）。

图 5-3-24 【图层模式】效果

29. 双击前景色按钮，弹出【拾色器】面板，设置颜色参数（图 5-3-25），点击【确定】按钮。

30. 切换至【图层】面板，单击【线稿】图层，选择工具箱中的【魔棒】工具，结合【Shift】键，建立选区（图 5-3-26）。

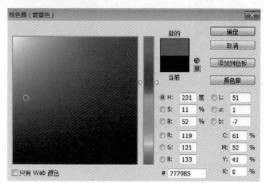

图 5-3-25 【拾色器】对话框

31. 切换至【图层】面板，单击【针织】图层，按快捷键【Alt＋Delete】将前景色填充到选区，得到效果（图 5-3-27）。

图 5-3-26 建立选区　　　图 5-3-27 填充效果

32. 选择工具箱中的【加深】工具，设置参数（柔角大小为 60 像素，曝光度为 78％），加深"阴影"，得到效果（图 5-3-28）。

33. 按住快捷键【Ctrl＋O】打开一张针织面料素材图片，按快捷键【Ctrl＋A】全选图案，按快捷键【Ctrl＋C】复制，然后切换至【男装效果图】文件中，点击【针织纹】图层，按住快捷键【Ctrl＋V】粘贴选区图案到【针织纹】图层中（图 5-3-29）。

图 5-3-28 【加深】效果　　图 5-3-29 粘贴图片

34. 切换至图层面板，鼠标拖动【针织纹】图层至图层面板下【创建新图层】按钮，复制【针织纹】图层，自动生成【针织纹拷贝】图层。

35. 选择工具箱中的【移动】工具，移动选区至合适位置，得到效果（图 5-3-30）。

36. 切换至图层面板，点击【针织纹】图层，按快捷键【Ctrl＋T】自由变换面料至合适大小，对【针织纹拷贝】图层重复操作，点击【确定】按钮，得到效果（图 5-3-31）。

图 5-3-30 移动效果　　图 5-3-31 【变换】效果

37. 选择工具箱中的【移动】工具，将【针织纹拷贝】图层与【针织图层】的针织纹路上下对齐，得到效果（图 5-3-32）。

38. 切换至图层面板，结合【Ctrl】键选中【针织纹】图层和【针织纹拷贝】图层，鼠标右键单击执行【合并图层】，合并为【针织纹】图层。

39. 切换至图层面板，鼠标拖动【针织纹】图层至图层面板下【创建新图层】 按钮，复制【针织纹】图层，自动生成【针织纹拷贝】图层。

40. 重复【复制图层】操作，自动生成【针织纹拷贝 2】图层。选择工具箱中的【移动】 工具，将【针织纹】和【针织纹拷贝】图层移至衣服适合位置。

41. 切换至图层面板，选择【针织纹拷贝】图层，按快捷键【Ctrl＋T】自由变换，单击鼠标右键，选择【水平翻转】选项（两个袖子的图案成对称效果），点击【确定】按钮，得到效果（图 5-3-33）。

图 5-3-32　对齐效果　　　图 5-3-33　【自由变换】效果

42. 切换至【图层】面板，单击【线稿】图层，选择工具箱中的【魔棒】 工具，结合【Shift】键，建立选区（图 5-3-34）。

43. 按快捷键【Ctrl＋Shift＋I】反选选区，切换至【图层】面板，单击【针织纹】图层，按【Delete】键删除，得到效果（图 5-3-35）。

图 5-3-34　建立选区　　　图 5-3-35　【删除】效果

44. 切换至【图层】面板，单击【针织拷贝】图层，调整图层的不透明度为 50％，执行菜单【编辑/变换/变形】命令，对象中出现网格，拖动网格的各个手柄变形（图 5-3-36），按【Enter】键应用变换。

45. 切换至【图层】面板，单击【线稿】图层，选择工具箱中的【魔棒】 工具，结合【Shift】键，建立选区（图 5-3-37）。

图 5-3-36　【变形】效果　　　图 5-3-37　建立选区

46. 切换至【图层】面板，单击【针织拷贝】图层，按快捷键【Ctrl＋Shift＋I】反选选区，按【Delete】键删除，调整【针织拷贝】图层的不透明度为 100％，得到效果（图 5-3-38）。

图 5-3-38　【删除】效果

47. 切换至【图层】面板，单击【针织拷贝】图层，重复操作，得到效果（图 5-3-39）。

48. 结合【Ctrl】键选择【针织纹】【针织纹拷贝】【针织纹拷贝 2】图层，按快捷键【Ctrl＋E】合并图层为【针织纹拷贝 2】图层，双击"针织纹拷贝 2"，修改图层名称为【针织纹】。

49. 修改【针织纹】图层模式为【叠加】，得到效果（图 5-3-40）。

图 5-3-39 【变形】效果

图 5-3-40 【图层模式】效果

50. 选择工具箱中的【钢笔】 ✏️ 工具，绘制鞋子路径（图 5-3-41）。

51. 点击【默认前景色和背景色】按钮 ⬜，设置前景色为黑色。选择工具箱中的【画笔】 🖌️ 工具，选择画笔并设置画笔参数（尖角大小为 1 像素，不透明度为 100％）。

52. 切换至【图层】面板，单击【线稿】图层，在画板空白处鼠标右击，选择【描边路径】，弹出对话框，点击【确定】按钮，描边鞋子路径。切换至【路径】面板，点击路径面板空白处，取消路径的选择。

53. 选择工具箱中的【魔棒】 🪄 工具，结合【Shift】键，建立选区（图 5-3-42）。

图 5-3-41 描边路径　　图 5-3-42 建立选区

54. 双击前景色按钮 ⬛⬜，弹出【拾色器】面板，设置颜色参数（图 5-3-43），点击【确定】按钮。

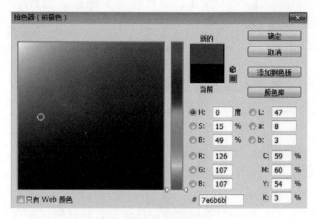

图 5-3-43 【拾色器】面板

55. 切换至【图层】面板，点击【鞋子】图层，按快捷键【Alt＋Delete】填充选区，得到效果（图 5-3-44）。

图 5-3-44 填充选区

56. 双击前景色按钮 ⬛⬜，弹出【拾色器】面板，设置颜色参数（图 5-3-45），点击【确定】按钮。

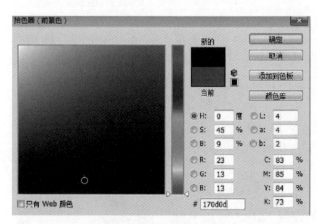

图 5-3-45 【拾色器】面板

57. 选择工具箱中的【画笔】 🖌️ 工具，选择画笔并设置画笔参数（柔角大小为 65 像素，不透明度为 58％），在【鞋子】图层绘制，得到效果（图 5-3-46）。

58. 点击【默认前景色和背景色】■按钮，点击【切换前景色和背景色】↑按钮，前景色转换为"白色"。

59. 修改画笔参数（柔角大小为17像素，不透明度为38%），在【鞋子】图层绘制短线条，得到效果（图5-3-47）。

图5-3-46　绘制效果　　　图5-3-47　绘制效果

60. 选择工具箱中的【涂抹】工具（柔角大小为15像素，强度为76%），反复涂抹，得到效果（图5-3-48）。

61. 修改画笔参数（柔角大小17像素，不透明度100%），在【鞋子】图层绘制，得到效果（图5-3-49）。

图5-3-48　【涂抹】效果　　　图5-3-49　绘制效果

62. 选择工具箱中的【涂抹】工具（柔角大小为40像素，强度为76%），反复涂抹，得到效果（图5-3-50）。

图5-3-50　【涂抹】效果

（二）第二阶段：细节处理

63. 切换至【图层】面板，点击【线稿】图层。选择工具箱中的【魔棒】工具，结合【Shift】键，建立"扣子"选区（图5-3-51）。

64. 点击【默认前景色和背景色】■按钮，设置前景色为"黑色"。

65. 切换至【图层】面板，点击【配件】图

层。选择工具箱中的【画笔】工具，选择画笔并设置画笔参数（柔角大小为65像素，不透明度为58%），绘制纽扣色，得到效果（图5-3-52）。

图5-3-51　建立选区　　　图5-3-52　绘制效果

66. 切换至【图层】面板，点击【虚线】图层。用【矩形选框】工具框选一个"小长方形"，按快捷键【Alt＋Delete】填充选区，得到效果（图5-3-53）。

图5-3-53　填充选区

67. 执行菜单【编辑/定义画笔预设】命令，弹出对话框，命名为【虚线】（图5-3-54），点击【确定】按钮，按【Delete】键删除框选部分，按快捷键【Ctrl＋D】取消选择。

图5-3-54　【定义画笔预设】对话框

68. 选择工具箱中的【画笔】工具，选择自定的【虚线】画笔（图5-3-55），点击【切换画笔面板】按钮，弹出对话框，设置画笔参数（图5-3-56）。

69. 切换至【路径】面板，选择【衣服】路径，选择工具箱中的【路径选择】工具，结合【Shift】键选择路径（虚线路径，图5-3-57）。

图 5-3-55　选择画笔

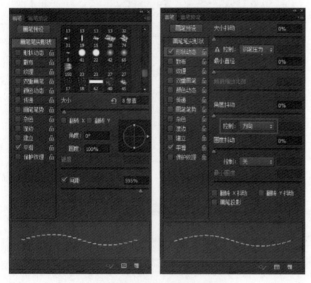

图 5-3-56　【切换画笔】面板

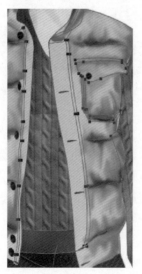

图 5-4-57　选择路径

70. 在画板空白处鼠标右击，选择【描边子路径】，弹出对话框，选择【画笔】(取消勾选【模拟压力】)，点击【确定】，描边路径，切换至【路径】面板，点击路径面板空白处，取消路径的选择，得到效果（图 5-4-58）。

图 5-4-58　描边路径

71. 双击前景色按钮，弹出【拾色器】面板，设置颜色参数（图 5-3-59），点击【确定】按钮。

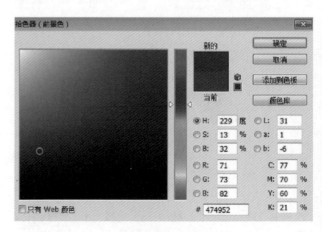

图 5-3-59　【拾色器】面板

72. 选择工具箱中的【画笔】工具，选择画笔并设置画笔参数（柔角大小为 20 像素，不透明度为 58%），进行细节绘制，得到效果（图 5-3-60）。

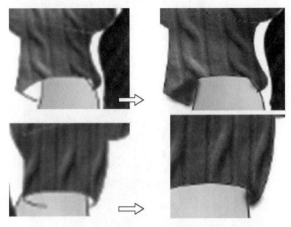

图 5-3-60　绘制效果

73. 切换至【图层】面板，点击【裤子】图层，设置图层的不透明度为 50%。

74. 选择工具箱中的【橡皮擦】工具，设置参数（柔角大小为 19 像素，不透明度为 100%），在"手"被裤子遮住的位置擦除，得到效果（图 5-3-61）。

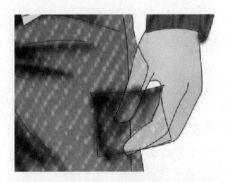

图 5-3-61　擦除效果

75. 切换至【图层】面板，在【裤子阴影】和【斜纹】图层上重复【擦除】操作，恢复三个图层的不透明度为 100%，得到效果（图 5-3-62）。

图 5-3-62　擦除效果

76. 切换至【图层】面板，点击【线稿】图

层，选择工具箱中的【魔棒】工具，建立选区（图 5-3-63）。

77. 切换至【图层】面板，点击【针织】图层，选择工具箱中的【加深】工具，设置参数（柔角大小为 5 像素，曝光度为 78%），结合【Shift】键，加深"罗纹阴影"，得到效果（图 5-3-64）。

图 5-3-63　建立选区　　　　图 5-3-64　【加深】效果

78. 变换【加深】工具参数（柔角大小为 45 像素，曝光度为 78%），结合【Shift】键，加深"阴影"，得到效果（图 5-3-65）。

图 5-3-65　【加深】效果

79. 切换至【图层】面板，点击【针织纹】图层，执行菜单【滤镜/液化】命令，弹出对话框（图 5-3-66），选择【皱褶】工具在"皱褶"的位置点击，选择【膨胀】工具在"膨胀"区域点击，点击【确定】按钮，得到效果（图 5-3-67）。

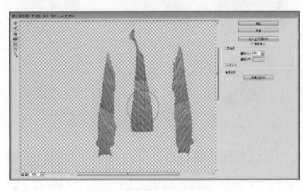

图 5-3-66　【液化】对话框

125

角大小为 100 像素，曝光度为 78%），加深"阴影"，得到效果（图 5-3-68）。

图 5-3-67 【液化】效果

80. 切换至【图层】面板，点击【针织】图层。选择工具箱【加深】 工具，设置参数（柔

图 5-3-68 【加深】效果及整体效果

第四节 童装效果图的绘制

一、实例效果

图 5-4-1 童装效果图的绘制实例效果

二、操作步骤

（一）第一阶段：绘制服装

1. 执行菜单【文件/新建】或者按住快捷键【Ctrl＋N】新建一个文件，设置名称为【童装效果图】，点击【确定】按钮，切换至

【图层】面板，点击面板下方的【创建新图层】按钮，创建新图层并命名为【人体】。

2. 执行【菜单/文件/置入嵌入对象】命令，置入一张"童装人体模特"JPG 格式图片（图 5-4-2），将置入的 JPG 格式图片图层栅格化并命名为【人体】图层。

3. 按快捷键【Ctrl＋T】自由变换"童装人体模特"至合适大小，按【Enter】键确认变换，得到效果（图 5-4-2）。

4. 切换至【图层】面板，点击面板下方的【创建分组】按钮，创建【组 1】，鼠标双击"组 1"，将名称设置为【服装组】，点击【图层】面板中的【创建新图层】按钮 7 次，创建 7 个新图层并分别命名为【线稿】【花边】【阴影】【蕾丝】【衣服】【裙子】【鞋子】（按此顺序排列图层）。

5. 选择工具箱中的【钢笔】 工具，用钢笔工具根据人体绘制"服装"（图 5-4-3 中左图）。切换至【路径】面板，双击【工作路径】储存路径，弹出对话框，命名为【衣服】，点击【确定】按钮。

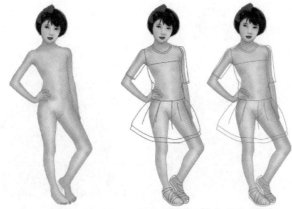

图 5-4-2 打开文件【人体】 图 5-4-3 绘制路径及描边路径

6. 选择工具箱中的【画笔】工具，选择画笔并设置画笔参数（尖角大小为 1 像素，不透明度为 100%）。点击【默认前景色和背景色】，设置前景色为"黑色"。

7. 切换至【图层】面板，单击【线稿】图层。选择工具箱中的【路径选择】工具，在画板空白处鼠标右击，选择【描边路径】，弹出对话框，选择画笔（取消勾选"模拟压力"），点击【确定】，描边"衣服"路径。切换至【路径】面板，点击路径面板空白处，取消"衣服"路径的选择，得到效果（图 5-4-3 中右图）。

小提示：如果采用手绘板绘制服装效果图线稿，就可以忽略步骤 5、步骤 7，运用手绘板直接选择【画笔】工具在人体模板上绘制服装线稿。

8. 选择工具箱中的【魔棒】工具，结合【Shift】键，建立选区（图 5-4-4 中左图）。

9. 点击【默认前景色和背景色】，设置前景色为"黑色"。切换至【图层】面板，单击【蕾丝】图层。按快捷键【Alt＋Delete】填充"黑色"到选区，按快捷键【Ctrl＋D】取消选区，得到效果（图 5-4-4 中右图）。

10. 调整【蕾丝】图层的不透明度为 25%，得到效果（图 5-4-5）。

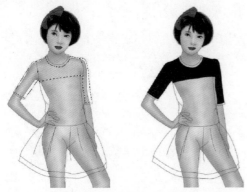

图 5-4-4 建立选区、填充选区

11. 选择工具箱中的【魔棒】工具，结合【Shift】键，建立选区（图 5-4-6）。

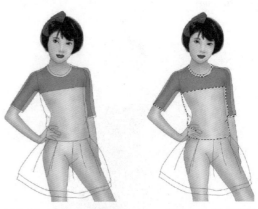

图 5-4-5 调整"不透明度" 图 5-4-6 建立选区

12. 切换至【图层】面板，单击【衣服】图层。按快捷键【Alt＋Delete】填充"黑色"到选区，按快捷键【Ctrl＋D】取消选区。

13. 调整【衣服】图层的不透明度为 80%，得到效果（图 5-4-7）。

14. 选择工具箱中的【魔棒】工具，结合【Shift】键，建立选区（图 5-4-8）。

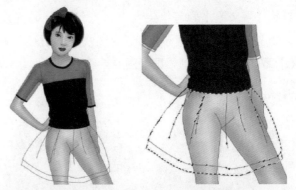

图 5-4-7 调整"不透明度" 图 5-4-8 建立选区

15. 双击前景色按钮，弹出【拾色器】面板，选择颜色（图 5-4-9）。

图 5-4-9【拾色器】面板

127

16. 切换至【图层】面板，单击【裙子】图层。按快捷键【Alt＋Delete】填充前景色到选区，得到效果（图5-4-10）。

图 5-4-10 填充选区

17. 选择工具箱中的【加深】工具，设置参数（平头湿水彩笔笔尖大小为 63 像素，曝光度为 37%），加深"裙子色"，得到效果（图5-4-11）。

18. 选择工具箱中的【减淡】工具，设置参数（平头湿水彩笔笔尖大小为 63 像素，曝光度为 26%），提亮"裙子高光"，按快捷键【Ctrl＋D】取消选区，得到效果（图5-4-12）。

图 5-4-11 【加深】效果　　图 5-4-12 【减淡】效果

19. 切换至【图层】面板，单击【线稿】图层。选择工具箱中的【魔棒】工具，结合【Shift】键，建立选区（图5-4-13）。

20. 点击【默认前景色和背景色】按钮，设置前景色为"黑色"。切换至【图层】面板，单击【阴影】图层。

21. 选择工具箱中的【画笔】工具，选择画笔并设置画笔参数（柔角大小为 40 像素，不透明度为 100%），绘制"阴影色"，得到效果（图5-4-14）。

图 5-4-13 建立选区　　图 5-4-14 绘制效果

22. 选择工具箱中的【涂抹】工具（柔角大小为 45 像素，强度为 76%），反复涂抹，按快捷键【Ctrl＋D】取消选区，得到效果（图5-4-15）。

图 5-4-15 【涂抹】效果及整体效果

（二）第二阶段：绘制花边

23. 切换至【图层】面板，点击面板下方的【创建分组】按钮，创建【组 1】，鼠标双击【组 1】，将名称设置为【蕾丝组】，点击【图层】面板中的【创建新图层】按钮 3 次，创建 3 个新图层并分别命名为【花型线稿】【黑色】【白色】。

24. 选择工具箱中的【钢笔】工具，绘制"图案"（图5-4-16）。

图 5-4-16 绘制路径　　图 5-4-17 复制路径

25. 选择工具箱中的【路径选择】工具，框选整个"图案"，按住【Ait】键使鼠标变成"+"，按住鼠标右键，移动复制"图案"，得到效果（图5-4-17）。

26. 按快捷键【Ctrl＋T】自由变换复制的图案，鼠标右击选择【水平旋转】（图5-4-18），得到效果（图5-4-19），移动至合适位置，得到效果（图5-4-20）。

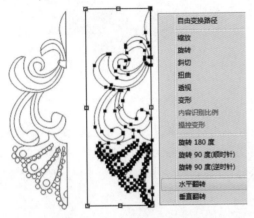

图5-4-18【自由变换】对话框

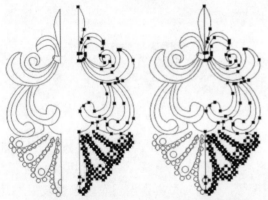

图5-4-19　变换路径　　图5-4-20　移动路径

27. 切换至【路径】面板，双击【工作路径】储存路径，弹出对话框，命名为【花型】，点击【确定】按钮。

28. 选择工具箱中的【画笔】工具，选择画笔并设置画笔参数（尖角大小为1像素，不透明度为100％）。点击【默认前景色和背景色】，设置前景色为"黑色"。

29. 切换至【图层】面板，单击【花型线稿】图层。选择工具箱中的【路径选择】工具，在画板空白处鼠标右击，选择【描边路径】，弹出对话框，选择画笔（取消勾选"模拟压力"），点击【确定】，描边路径。切换至【路径】面板，点击路径面板空白处，取消路径的选择，得到效果（图

5-4-21）。

30. 选择工具箱中的【魔棒】工具，结合【Shift】键，建立选区（图5-4-22）。

图5-4-21　描边路径　　图5-4-22　建立选区

31. 切换至【图层】面板，单击【黑色】图层。按快捷键【Alt＋Delete】填充前景色（黑色）到选区，得到效果（图5-4-23）。

32. 切换至【图层】面板，单击【花型线稿】图层。选择工具箱中的【魔棒】工具，结合【Shift】键，建立选区（图5-4-24）。

图5-4-23　填充选区　　图5-4-24　建立选区

33. 切换至【图层】面板，单击【白色】图层。按快捷键【Ctrl＋Delete】填充背景色（白色）到选区，按快捷键【Ctrl＋D】取消选区。

34. 切换至【图层】面板，点击图层面板下【添加图层样式】fx.按钮，选择【图案叠加】，弹出【图层样式】对话框（图5-4-25），设置参数（图案选择网格，网格图案的绘制见第二章第一节），得到效果（图5-4-26）。

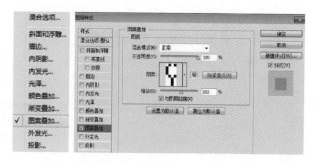

图 5-4-25 【图层样式】对话框

图 5-4-26 【图层样式】效果

35. 切换至【图层】面板，单击【花型线稿】图层。切换至【路径】面板，点击【花型】路径。

36. 选择工具箱中的【画笔】 工具，选择画笔并设置画笔参数（尖角大小为 3 像素，不透明度为 100%），按【Enter】键描边"花型"路径，切换至【路径】面板，点击路径面板空白处，取消路径的选择，得到效果（图 5-4-27）。

图 5-4-27 【描边】效果及对比图

37. 切换至【图层】面板，关闭【服装组】、【人体】及【背景】图层前面的"眼睛" 图标。选择工具箱中的【矩形选框】 工具框选"图案"

（可执行菜单/选择/变换选区来调整选区），得到效果（图 5-4-28）。

图 5-4-28 框选效果

38. 执行菜单【编辑/定义画笔预设】命令，弹出对话框，命名为【花边】（图 5-4-29），点击【确定】按钮，按快捷键【Ctrl+D】取消选择。

图 5-4-29 【定义画笔预设】对话框

39. 选择工具箱中的【画笔】 工具，选择自定义的【花边】画笔，点击【切换画笔面板】 按钮，弹出对话框，设置画笔参数及形态动态参数（图 5-4-30）。

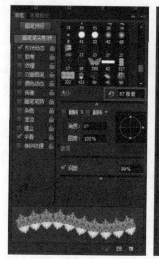

图 5-4-30 【切换画笔面板】对话框

40．选择工具箱中的【钢笔】  工具，用钢笔工具绘制路径（图5-4-31）。

41．切换至【图层】面板，单击【花边】图层。选择工具箱中的【画笔】  工具，按快捷键【Enter】描边路径，取消路径的选择，得到效果（图5-4-32）。

图5-4-31　绘制路径　　　　图5-4-32　描边路径

42．选择工具箱中的【钢笔】 工具，绘制路径（图5-4-33）。

图5-4-33　绘制路径

43．选择工具箱中的【画笔】 工具，点击【切换画笔面板】 按钮，弹出对话框，调整画笔的大小（其他参数不变，图5-4-34）。

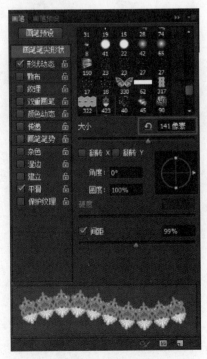

图5-4-34　【切换画笔面板】对话框

44．切换至【图层】面板，单击【花边】图层。选择工具箱中的【画笔】 工具，按【Enter】键描边路径，取消路径的选择，得到效果（图5-4-35）。

45．选择工具箱中的【橡皮擦】 工具（不透明度为100％），擦除多余部分，得到效果（图5-4-36）。

图5-4-35　【描边】效果　　　图5-4-36　【擦除】效果

46．选择工具箱中的【画笔】 工具，选择自定【花边】画笔，设置画笔参数（大小为39像素，不透明度为100％）。鼠标以"点击"的方式在【花边】图层绘制"图案"，得到效果（图5-4-37）。

47．切换至【图层】面板，关闭【蕾丝组】及【衣服】图层前面的"眼睛" 图标。选择工具箱中的【多边形套索】 工具，建立"手"的选区（图5-4-38）。

图5-4-37　绘制效果　　　　图5-4-38　建立选区

48．切换至【图层】面板，打开【蕾丝组】及【衣服】图层前面"眼睛"图标，分别点击【阴影】【线稿】【裙子】【花边】【衣服】图层，并按【Delete】键删除多余部分，露出"手"的部分（【衣服】图层的不透明仍然为80％），得到效果（图5-4-39）。

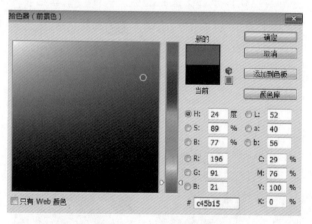

图 5-4-39 【删除】效果　　　图 5-4-40　建立选区

（三）第三阶段：绘制鞋子

49. 切换至【图层】面板，单击【线稿】图层。选择工具箱中的【魔棒】工具，结合【Shift】键，建立选区（图 5-4-40）。

50. 双击前景色按钮，弹出【拾色器】面板，设置颜色参数（图 5-4-41），点击【确定】按钮。

图 5-4-42　绘制效果　　　　图 5-4-43　绘制效果

53. 选择工具箱中的【画笔】工具，选择画笔并设置画笔参数（柔角大小为 45 像素，不透明度为 50％），进行细节调整，得到效果（图 5-4-44）。

54. 选择工具箱中的【涂抹】工具（柔角大小为 30 像素，强度为 76％），反复涂抹，得到效果（图 5-4-45）。

55. 双击前景色按钮面板，设置颜色参数（图 5-4-46），点击【确定】按钮。

图 5-4-44　【加深】效果　　　图 5-4-45　【涂抹】效果

图 5-4-41【拾色器】面板

51. 切换至【图层】面板，单击【鞋子】图层。选择工具箱中的【画笔】工具，选择画笔并设置画笔参数（柔角大小为 45 像素，不透明度为 50％），绘制"鞋子色"（注意留白），得到效果（图 5-4-42）。

52. 选择工具箱中的【加深】工具，设置参数（柔角大小为 100 像素，曝光度为 78％），加深【鞋子色】，按快捷键【Ctrl＋D】取消选区，得到效果（图 5-4-43）。

图 5-4-46【拾色器】面板

56. 选择工具箱中的【自定义形状】工具，选择【花边装饰 4】图案。绘制路径（图 5-4-47）。

57. 切换至【路径】面板，点击【路径】面板下【将路径作为选区载入】 按钮，路径转换为选区。

58. 切换至【图层】面板，单击【鞋子】图层。选择工具箱中的【画笔】 工具，选择画笔并设置画笔参数（柔角大小为 45 像素，不透明度为 50%），给鞋子配饰上色，得到效果（图 5-4-48）。

图 5-4-47 绘制路径　　　图 5-4-48 绘制效果

59. 选择工具箱中的【钢笔】 工具，用钢笔工具绘制"指甲"路径（图 5-4-49）。

60. 选择工具箱中的【画笔】 工具，选择画笔并设置画笔参数（尖角大小为 1 像素，不透明度为 100%）。点击【默认前景色和背景色】 ，设置前景色为"黑色"。

61. 切换至【图层】面板，单击【人体】图层。选择工具箱中的【画笔】 工具，按【Enter】键描边路径。切换至【路径】面板，点击路径面板空白处，取消路径的选择，得到效果（图 5-4-50）。

图 5-4-49 绘制路径　　　图 5-4-50 描边路径

62. 选择工具箱中的【魔棒】 工具，结合【Shift】键，建立选区（图 5-4-51）。

图 5-4-51 建立选区

63. 双击前景色按钮 ，弹出【拾色器】面

板，设置颜色参数（图 5-4-52），点击【确定】按钮。

图 5-4-52 【拾色器】面板

64. 切换至【图层】面板，单击【鞋子】图层。选择工具箱中的【画笔】 工具，选择画笔并设置画笔参数（柔角大小为 45 像素，不透明度为 50%），给"脚趾甲"上色，得到效果（图 5-4-53）。

图 5-4-53 绘制效果及整体效果

（四）第四阶段：调整细节

65. 切换至【图层】面板，单击【阴影】图层。点击【默认前景色和背景色】 ，设置前景色为"黑色"。

66. 选择工具箱中的【画笔】 工具，选择画笔并设置画笔参数（柔角大小为 9 像素，不透明度为 29%），结合【Shift】键画"透明纱褶皱"及遗漏的小细节，得到效果（图 5-4-54）。

图 5-4-54 绘制"褶皱"及细节处理

67. 选择工具箱中的【涂抹】 工具（柔角

大小为 40 像素，强度为 76％），反复涂抹，得到效果（图 5-4-55）。

68. 切换至【图层】面板，分别点击【裙子】【蕾丝】【鞋子】图层并按快捷键【Ctrl＋U】，分别对色相、饱和度、明度设置不同的参数（点击【着色】），可变化不同的颜色（图 5-4-56）。

图 5-4-55 绘制"褶皱"及完成图

图 5-4-56 颜色变化效果

本章小结

根据个人的绘画习惯，服装效果图的处理有多种方式。可以先手绘线稿图，然后用电脑软件进行后期处理色彩，也可以全部由电脑软件处理。在案例中强调了皮革面料、雪纺面料、羽绒面料、针织面料、斜纹面料、蕾丝面料及薄纱面料等质感的表现技法。

绘图操作技巧提示：

1. 通过扫描仪或高像素的相机把手绘线稿图转换成 JPG 格式的图片文件，其图片质量一定要好，像素要高。

2. 用 Photoshop 软件处理干净手稿图的背景杂色。

3. 运用【画笔】工具，可通过选择不同的画笔及设置不同的画笔参数给肤色上色。

4. 对各种面料质感的绘制，可运用工具箱中的【涂抹】工具调整细节，会使效果更加真实自然。

5. 运用工具箱中的【加深】【减淡】工具，通过调整不同大小及设置不同参数，可以绘制服装的暗部和高光。

6. 使用快捷键【Ctrl＋U】，分别对色相、饱和度、明度设置不同的参数（点击【着色】），可变化不同的颜色。

7. 服装缝纫线（虚线）的绘制。

思考练习题

1. 用电脑处理一个系列的服装效果手稿图。
2. 用电脑绘制一个系列的服装效果图。

第六章

服装设计大赛效果图的
综合绘制实例

　　服装设计大赛的效果图绘制要求设计师抓住大赛主题，能够熟练地操作软件并总结软件应用的效果与技巧，绘制出不同风格的创意效果图。绘制过程中要注重系列服装整体效果的把握。最好能按步骤同时绘制，保证整体效果的协调性与一致性。效果图的背景及文字说明也是非常重要的组成部分，对系列服装起到衬托和点题的作用。若在工具上能配合手绘板进行绘制，则能达到更丰富的效果。

第一节　服装设计大赛系列效果图的绘制

一、实例效果

图 6-1-1　实例效果

二、操作步骤

（一）第一阶段：进行拼贴设计并绘制线稿

1. 启动 Photoshop 软件，执行【文件/新建】新建一个文件，并命名为【系列效果图】（尺寸为 A3 纸大小，分辨率为 300 像素/英寸，背景色为白色），点击【确定】按钮。

2. 执行【菜单/文件/置入嵌入对象】命令，调整图片至合适大小和位置，按【Enter】键确认，置入 JPG 图片（图 6-1-2）。

3. 再次执行【菜单/文件/置入嵌入对象】命令，调整图片至合适大小和位置，按【Enter】键确认，置入"服装版型"图片（图 6-1-3）。

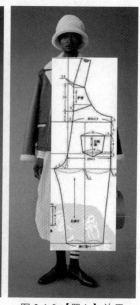

图 6-1-2 【置入】效果　　　图 6-1-3 【置入】效果

4. 切换至【图层】面板，选择置入的【服装版型】图层，设置该图层的属性为【正片叠底】，得到效果（图6-1-4）。

5. 按快捷键【Ctrl＋J】复制【服装版型】图层，按快捷键【Ctrl＋T】自由变换，鼠标右击选择【水平翻转】，按【Enter】键确认。选择工具栏中的【移动】 工具，移动至合适位置（可以根据设计方向和风格进行排版），得到效果（图6-1-5）。

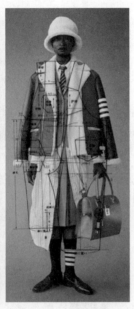

图6-1-4【正片叠底】效果　图6-1-5【水平翻转】效果

6. 重复步骤2～步骤5，拼贴出系列效果图的另外三款的款式设计（操作方法相同，但在实际操作中可根据设计要求灵活调整素材和步骤）（图6-1-6），并执行【文件/储存】储存PSD文件。

图6-1-6【拼贴】效果（系列）

7. 选择工具箱中的【钢笔】 工具，根据"拼贴设计"绘制服装路径（图6-1-7）。切换至【路径】面板，双击【工作路径】，弹出对话框，命名为【系列1】，点击【确定】按钮，储存"系列1"路径。

8. 切换至【图层】面板，可以关闭除【背景】图层以外的所有图层前面的"眼睛"图标 ，隐藏图层，检查绘制的路径（图6-1-8），调整路径，得到效果（图6-1-9）。

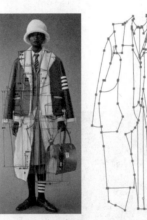

图6-1-7 绘制效果　图6-1-8 隐藏图层效果　图6-1-9 调整路径效果

9. 重复步骤7～步骤8，根据"拼贴设计"绘制其他三套服装路径，分别建立【系列2】【系列3】【系列4】路径（图6-1-10）。

10. 点击【图层】面板，点击图层面板下方的【新建】 按钮，新建一个图层，并改名为【线稿】，使其图层顺序位于最上层。点击【默认前景色和背景色】 ，设置前景色为"黑色"。

11. 选择工具箱中的【画笔】 工具，选择画笔并设置画笔参数（选择硬边圆，大小为1像素，硬度为100％）。

12. 选择工具箱中的【路径选择】 工具，在画板空白处鼠标右击，选择【描边路径】，弹出对话框（选择"画笔"，取消勾选"模拟压力"），点击【确定】按钮，描边路径至【线稿】图层。切换至【路径】面板，点击路径面板空白处，取消"系列图1"的路径选择，得到效果（图6-1-11）。

137

图 6-1-10 绘制路径（系列）

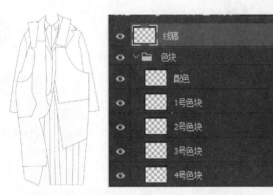

图 6-1-11 【描边路   图 6-1-12 新建组
径】效果

层并将其分别命名为【配色】【1 号色块】【2 号色
块】【3 号色块】【4 号色块】图层。

14. 结合【Shift】键选择新建的 5 个图层，按
快捷键【Ctrl ＋G】建立组，并将其命名为【色
块】组（图 6-1-12）。

15. 重复步骤 12，描边其他三套服装路径至
【线稿】图层，得到效果（图 6-1-13）。

小提示： 如果采用手绘板绘制服装效果图线
稿，就可以忽略步骤 7～步骤 12，直接运用【画
笔】工具 绘制线稿。

（二）第二阶段：服装上色

16. 双击前景色按钮 ，弹出【拾色器】面
板，选择颜色（图 6-1-14），点击【确定】按钮。

13. 切换至【图层】面板，点击【图层】面板
中的【创建新图层】按钮 5 次，创建 5 个新图

图 6-1-13 【描边路径】效果（系列）

17. 切换至【图层】面板，点击【配色】图层。选择工具箱中的【矩形选框】工具，建立【矩形】选区。按快捷键【Alt＋Delete】键，填充前景色至选区，按快捷键【Ctrl＋D】键取消选择，得到效果（图6-1-15）。

图6-1-14 【拾色器】对话框

图6-1-15 建立及填充选区

18. 重复操作：将2/3/4号色分别填充至【配色】图层，分别选择前景色（图6-1-16（a）（b）（c）），得到配色方案（图6-1-17）。

小提示：根据面料数量设置色块数和颜色选择，每一种面料建立一个色块。

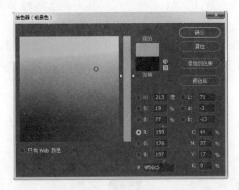

图6-1-16(a) 【拾色器】对话框

图6-1-16(b) 【拾色器】对话框

图6-1-16(c) 【拾色器】对话框　　图6-1-17 配色方案

19. 切换至【图层】面板，点击【线稿】图层，选择工具箱中的【魔棒】工具，建立"4号色"的选区。执行【菜单/选择/修改/扩展】命令，扩展选区1像素，得到效果（图6-1-18）。

20. 双击前景色按钮，弹出【拾色器】面板，在吸管工具状态下吸取"4号色"。

21. 切换至【图层】面板，点击【4号色块】图层，按快捷键【Alt＋Delete】键，将吸取的前景色填充到【4号色块】图层，按快捷键【Ctrl＋D】键取消选择，得到效果（图6-1-19）。

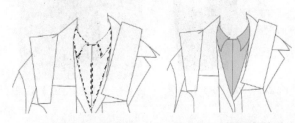

图6-1-18 建立选区　　图6-1-19 填充效果

22. 重复操作：切换至【图层】面板，点击【线稿】图层，选择工具箱中的【魔棒】工具，建立"1号色"的选区。执行【菜单/选择/修改/扩展】命令，扩展选区1像素，得到效果（图6-1-20）。

23. 双击前景色按钮，弹出【拾色器】面板，在吸管工具状态下吸取"1号色"。

24. 切换至【图层】面板，点击【1号色块】图层，按快捷键【Alt＋Delete】，将吸取的前景色填充到【4号色块】图层，按快捷键【Ctrl＋D】取消选择，得到效果（图6-1-21）。

25. 再次重复操作，将"2号色""3号色"分别填充至【2号色块】【3号色块】的相应选区，按快捷键【Ctrl＋D】取消选择，得到效果（图6-1-22）。

图 6-1-20 建立选区　　　图 6-1-21 【填充】效果

26. 切换至【图层】面板，打开【置入的人物 JPG 图片】图层的前面的"眼睛"图标 👁，得到效果（图 6-1-23），并选择该图层。

图 6-1-22 【填充】效果　　图 6-1-23 【显示图层】效果

27. 执行菜单【选择/主体】命令，建立【主体】的选区（图 6-1-24），按快捷键【Shift＋Ctrl＋I】反选选区，按键盘上【Delete】键，删除反选部分，按快捷键【Ctrl＋D】取消选择，选择工具箱中的【橡皮擦】 🩹 工具，擦除多余的部分，得到效果（图 6-1-25）。

图 6-1-24 【填充】效果　　　图 6-1-25 【删除】效果

28. 重复步骤 19～步骤 27，填充其他三套服装色块至相对应的色号图层，得到效果（图 6-1-26）。

图 6-1-26 【填充】效果（系列）

（三）第三阶段：绘制服装明暗

29. 切换至【图层】面板，点击【图层】面板中的【创建新图层】按钮，创建一个新图层并命名为【明暗】，位于【1 号色块】图层上面，按快捷键【Ctrl＋Alt＋G】创建剪切蒙版。

30. 双击前景色按钮，弹出【拾色器】面板，选择一个比"1 号色"较深的颜色（图 6-1-23）。

31. 选择工具箱的【画笔】工具，设置画笔参数（选择"硬边圆"，大小为 36 像素），绘制"1 号色块"的暗部（图 6-1-24）。

小提示：绘制过程中可以根据实际要求按键盘上【[】【]】键不断调整画笔的大小。

图 6-1-23 【拾色器】对话框　　图 6-1-24 绘制效果

32. 再次双击前景色按钮，弹出【拾色器】面板，选择一个比"1 号色"较浅的颜色（图 6-1-25）。

33. 选择工具箱的【画笔】工具，设置画笔参数（选择"硬边圆"，大小为 36 像素），绘制"1 号色块"的亮部（图 6-1-26）。

图 6-1-25 【拾色器】对话框　　图 6-1-26 绘制效果

34. 重复第 25～29 步骤操作：选择工具箱的【画笔】工具，绘制"2 号色块"的暗部和亮部（图 6-1-27）。

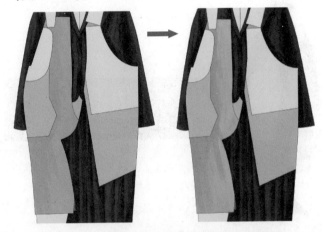

图 6-1-27 绘制"2 号色块"的暗部和亮部效果

35. 继续重复操作，绘制"3 号色块""4 号色块"的暗部和亮部，得到效果（图 6-1-28）。

36. 重复第 29～35 步骤，绘制其他三套服装色块的明暗，得到效果（图 6-1-29）。

图 6-1-28 绘制效果　　图 6-1-29 【填充】效果（系列）

（四）第四阶段：绘制服装面料肌理

37. 切换至【图层】面板，点击【图层】面板中的【创建新图层】■按钮，创建新图层并将其命名为【面料肌理1】，位于【1号色块】【明暗】图层上面。

38. 执行【菜单/文件/置入嵌入对象】，置入"面料肌理1"图片（图6-1-30），鼠标右击选择【顺时针旋转90度】，调整图片的大小和位置（图6-1-31），按【Enter】键确认。

39. 按快捷键【Ctrl＋Alt＋G】创建剪切蒙版，将图层属性设置为【变暗】，得到效果（图6-1-32）。

图 6-1-30 【置入】图片

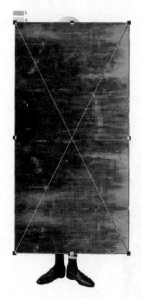

图 6-1-31 调整图片　　图 6-1-32 【剪切蒙版】效果

40. 重复操作：切换至【图层】面板，点击【图层】面板中的【创建新图层】■按钮，创建

新图层并将其命名为【面料肌理2】，位于【2号色块】【明暗2】图层上面。

41. 再次执行【菜单/文件/置入嵌入对象】，置入JPG图片，调整置入图片的方向和大小，按【Enter】键确认（图6-1-33）。

42. 按快捷键【Ctrl＋Alt＋G】创建剪切蒙版，调整【置入图片】图层的属性为【正片叠底】，得到效果（图6-1-34）。

图 6-1-33 【置入】图片　　图 6-1-34 【正片叠底】效果

43. 执行菜单【编辑＼变换＼变形】命令，按照服装展示形态来进行图片变形调整（图6-1-35），按【Enter】键确认。

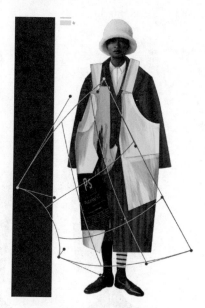

图 6-1-35 【变形】图片

44. 再次重复操作步骤 37～步骤 39，将置入 JPG 图片"填充"至相应的"3 号色""4 号色"图层位置，得到效果（图 6-1-36）。

45. 重复步骤 37～步骤 44，将置入的 JPG 图片"填充"至其他三套的相应图层位置，得到效果（图 6-1-37）。系列效果图绘制步骤分开展示图（图 6-1-38(a)(b)(c)）。

图 6-1-36　绘制效果

图 6-1-37　【填充】效果（系列）

图 6-1-38(a)　"面料肌理 1"填充效果（系列）

图 6-1-38(b) "面料肌理 2" 填充效果（系列）

图 6-1-38(c) "面料肌理 3" 填充效果（系列）　　　　图 6-1-39 绘制效果

（五）第五阶段：绘制服装缝纫线

46. 选择工具箱中的【钢笔】 工具，选择【形状】，设置钢笔属性及描边颜色 。绘制"缝纫线"（图 6-1-39），生成【形状】图层，鼠标右击选择【栅格化图层】。

47. 绘制完所有"缝纫线"（根据设计需要设置钢笔属性及描边颜色），得到效果（图 6-1-40），自动生成很多"形状"图层（图 6-1-41）。结合【Shift】键选择所有"形状"图层，鼠标右击选择【栅格化图层】，按快捷键【Ctrl＋E】合并图层，并命名为【线迹】图层。

图 6-1-40 绘制效果　　图 6-1-41 图层展示

48. 重复步骤 47，绘制其他三套服装的"缝纫线"，得到效果（图 6-1-42）。

图 6-1-42　绘制【缝纫线】效果（系列）

（六）第六阶段：绘制文字

49. 选择工具箱的【直排文字】⬛工具，输入文字"PHOTOSHOP"，自动生成【PHOTO-SHOP】文字图层。

50. 切换至【图层】面板，调整图层的顺序至【4号色块】图层的所有"剪切蒙版图层"的上面，按快捷键【Ctrl＋Alt＋G】创建【PHOTOSHOP】文字图层的剪切蒙版。按快捷键【Ctrl＋J】复制【PHOTOSHOP】文字图层，生成【PHOTO-SHOP 拷贝】图层（图 6-1-43），将图层移至合适位置，得到效果（图 6-1-44）。

图 6-1-43　复制图层　　图 6-1-44　调整位置效果

51. 鼠标右击分别在两个文字图层上，选择【栅格化文字】，栅格化文字图层。按快捷键【Ctrl＋T】调整文字图层的大小和方向（图 6-1-45），按【Enter】键确定（图 6-1-46）。

52. 重复步骤 49～步骤 51（操作方法一样，根据实际设计调整位置和大小），绘制另外一套服

装的"文字"，得到效果（图 6-1-47）。

53. 整个系列展示效果（图 6-1-48）。

图 6-1-45　【自由变换】效果

图 6-1-46　整体效果　　图 6-1-47　绘制效果

（七）第七阶段：绘制高光

54. 切换至【图层】面板，点击【图层】面板中的【创建新图层】⬛按钮，创建新图层并将其命名为【高光】，位于【色块】组上面。

图 6-1-48 绘制"文字"效果（系列）

55. 点击【默认前景色和背景色】，点击【切换前景色和背景色】 按钮，将前景色转换为"白色"。

56. 选择工具箱的【画笔】 工具，设置画笔参数（选择"硬边圆"，大小为 10 像素），绘制服装的"高光"部分（图 6-1-49）。

57. 继续绘制其他三套服装的"高光"，得到效果（图 6-1-50）。

图 6-1-49 绘制"高光"效果及整体图

图 6-1-50 绘制"高光"效果（系列）

（八）第八阶段：绘制服饰配件

58. 选择工具箱中的【钢笔】 工具，在属性栏中选择【路径】，绘制"帽子"路径（图6-1-51）和"鞋袜"路径（图6-1-52）。

图6-1-51 绘制路径　　图6-1-52 绘制路径

59. 切换至【路径】面板，双击【工作路径】储存路径，弹出对话框，命名为【配件】，点击【确定】按钮。

60. 选择工具箱【画笔】 工具，设置画笔属性（选择"硬边圆"，大小为1像素，不透明度为100%）。

61. 点击【线稿】图层，选择工具箱中的【钢笔】 工具，在面板中点击鼠标右键，选择【描边路径】，弹出对话框，选择画笔，取消勾选"模拟压力"，点击【确定】按钮，点击【路径】面板空白处取消"配件"路径的选择，得到效果（图6-1-53）。

图6-1-53 【描边路径】效果

62. 切换至【图层】面板，点击【新建图层】 按钮，新建一个图层并将其命名为【配件】图层，使【配件】图层位于【线稿】图层下面。

63. 单击【线稿】图层，选择工具箱中的【魔棒】 工具，结合【Shift】键来创建"帽子"的选区。

64. 执行【菜单/选择/修改/扩展】命令，扩展选区1像素，得到效果（图6-1-54）。

65. 双击前景色按钮 ，弹出【拾色器】面板，设置颜色（任意浅灰色）。点击【配件】图层，按快捷键【Alt＋Delete】，将前景色填充到【配件】图层。按【Ctrl＋D】键取消选择，得到效果（图6-1-55）。

图6-1-54 【扩展选区】效果　　图6-1-55 【填充】效果

66. 单击【线稿】图层，选择工具箱中的【魔棒】 工具，结合【Shift】键来创建"袜子"选区。

67. 执行【菜单/选择/修改/扩展】命令，扩展选区1像素。双击前景色按钮 ，弹出【拾色器】面板，吸取颜色（4号色）。点击【配件】图层，按快捷键【Alt＋Delete】，将前景色填充到【配件】图层。按【Ctrl＋D】键取消选择，得到效果（图6-1-56）。

68. 单击【线稿】图层，选择工具箱中的【魔棒】 工具，结合【Shift】键来创建"鞋子"选区。

69. 执行【菜单/选择/修改/扩展】命令，扩展选区1像素。双击前景色按钮 ，弹出【拾色器】面板，设置颜色（深黑色）。点击【配件】图层，按快捷键【Alt＋Delete】，将前景色填充到【配件】图层。按【Ctrl＋D】键取消选择，得到效果（图6-1-57）。

图6-1-56 【填充】效果　　图6-1-57 【填充】效果

70. 切换至【图层】面板，点击【新建图层】按钮，新建一个图层并命名为【配件明暗】，调整【配件明暗】图层位于【配件】图层上面，按快捷键【Ctrl+Alt+G】创建剪切蒙版。

71. 双击前景色按钮，弹出【拾色器】面板，设置颜色（图6-1-58）。

72. 选择工具箱【画笔】工具，设置画笔属性（选择"硬边圆"画笔，大小为7像素，硬度为100%），在【配件明暗】图层上绘制帽子的明暗（选择亮色绘制"高光"），得到效果（图6-1-59）。

图6-1-58 【拾色器】对话框

图6-1-59 【绘制】效果

73. 重复操作步骤71、72（操作方法相同；可根据"袜子"和"鞋子"颜色重新设置颜色），得到效果（图6-1-60）。

74. 切换至【图层】面板，点击【新建图层】按钮，新建一个图层并命名为【鞋子高光】，调整【鞋子高光】图层位于【配件明暗】图层上面，按快捷键【Ctrl+Alt+G】创建剪切蒙版。

75. 双击前景色按钮，弹出【拾色器】面板，设置颜色（图6-1-61）。

图6-1-60 【绘制】效果

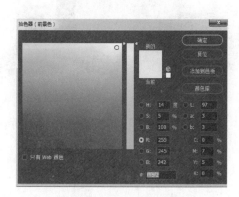

图6-1-61 【拾色器】对话框

76. 选择工具箱【画笔】工具，在【鞋子高光】图层上绘制"鞋子"的高光，得到效果（图6-1-62）。

77. 选择工具箱中的【涂抹】工具，设置参数（选择"软圆/压力/不透明度/流量"），在"高光处"涂抹，得到效果（图6-1-63）。

图6-1-62 【绘制】效果　　图6-1-63 【涂抹】效果

78. 再次选择工具箱【画笔】工具，设置参数（选择"硬边圆/压力/大小"），再次在【鞋子高光】图层上绘制"鞋子"的高光，得到效果（图6-1-64）。

79. 再次选择工具箱中的【涂抹】工具，在"高光处"涂抹，得到效果（图6-1-65）。

图6-1-64 【绘制】效果　　图6-1-65 【涂抹】效果

80. 重复操作步骤58～步骤79，继续绘制其他三套服饰配件，得到效果（图6-1-66）。

图 6-1-66　绘制 "服饰配件" 效果（系列）

（九）第九阶段：绘制手绘描边效果

81. 选择工具箱【画笔】工具，设置画笔参数（选择 "硬边圆"，大小为 8 像素，硬度为 100％）。

82. 切换至【图层】面板，选择【线稿】图层，切换至【路径】面板，选择【系列 1】路径。

83. 选择工具箱中的【钢笔】工具，在面板中点击鼠标右键，选择【描边路径】，弹出对话框，选择画笔，勾选 "模拟压力"，点击【确定】按钮，点击【路径】面板空白处取消路径的选择，得到效果（图 6-1-67）。

84. 再次切换至【路径】面板，选择【配件】路径。

85. 在【钢笔】工具状态下，再次在面板中点击鼠标右键，选择【描边路径】，弹出对话框，点击【确定】按钮，点击【路径】面板空白处取消路径的选择，得到效果（图 6-1-68）。

86. 重复操作步骤 82～步骤 83，再次描边 "系列 2" "系列 3" "系列 4" 路径，得到效果（图 6-1-69）。

图 6-1-67　【描边路径】效果

图 6-1-68　【描边路径】效果及整体效果

149

图 6-1-69【描边路径】效果（系列）

（十）第十阶段：绘制效果图背景

87. 切换至【图层】面板，点击【图层】面板中的【创建新图层】按钮 🔲，创建一个新图层并命名为【效果图背景】图层，调整图层顺序至【背景】图层上面。

88. 双击前景色 🔳 按钮，弹出【拾色器】面板，设置颜色（图 6-1-70），点击【确定】按钮。

89. 选择工具箱中的【画笔】 🖌 工具，选择画笔并设置画笔参数（图 6-1-71），在【效果图背景】图层上绘制，得到效果（图 6-1-72）。

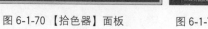

图 6-1-70【拾色器】面板   图 6-1-71 画笔参数

图 6-1-72 绘制效果（背景）

90．再次双击前景色 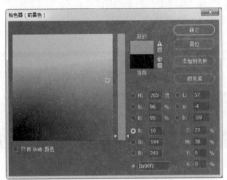 按钮，弹出【拾色器】面板，设置颜色（图6-1-73），点击【确定】按钮。

【效果图背景】图层上绘制，得到效果（图6-1-75）。

92．切换至【图层】面板，设置【效果图背景】图层的不透明度为45％，得到效果（图6-1-76）。

93．再次双击前景色  按钮，弹出【拾色器】面板，设置颜色（图6-1-77），点击【确定】按钮。

图6-1-73 【拾色器】面板

91．选择工具箱中的【画笔】 工具，在【效果图背景】图层上绘制，再次双击前景色 ，弹出【拾色器】面板，设置颜色（图6-1-74），再次在

图6-1-74 【拾色器】面板

图6-1-75 绘制效果（背景）

图6-1-76 【图层不透明度】设置效果（背景）

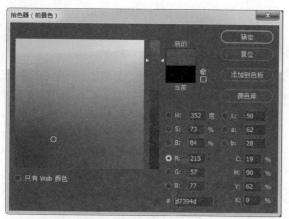

图 6-1-77 【拾色器】面板

94. 选择工具箱的【直排文字工具】 ，设置参数（图 6-1-78），输入文字"PHOTOSHOP"，自动生成【PHOTOSHOP】文字图层。按快捷键【Ctrl＋Alt＋G】创建剪切蒙版。

图 6-1-78 参数设置

95. 按快捷键【Ctrl＋T】自由变换，调整"PHOTOSHOP"文字的大小和位置（图 6-1-79），按【Enter】键确定。

96. 切换至【图层】面板，选择【PHOTO-SHOP】文字图层，按快捷键【Ctrl＋J】复制图层，自动生成【PHOTOSHOP 拷贝】文字图层，按快捷键【Ctrl＋Alt＋G】创建剪切蒙版。

图 6-1-79 【自由变换】效果

97. 按快捷键【Ctrl＋T】自由变换，调整"PHOTOSHOP"文字的大小和位置，按【Enter】键确定，得到效果（图 6-1-80）。

98. 切换至【图层】面板，选择【PHOTO-SHOP 拷贝】文字图层，按快捷键【Ctrl＋J】复制图层，自动生成【PHOTOSHOP 拷贝 2】文字图层。(不要创建剪切蒙版)。

99. 按快捷键【Ctrl＋T】自由变换，调整"PHOTOSHOP"文字的大小和位置，按【Enter】键确定，得到效果（图 6-1-81）。

图 6-1-80 【自由变换】效果（背景文字）

图 6-1-81　系列女装效果图完成效果

第二节　新中式服装系列效果图的绘制

一、实例效果

图 6-2-1　实例效果

二、操作步骤

（一）第一阶段：绘制线稿图

1. 启动 Photoshop 软件，新建一个文件（命名为【新中式系列效果图】，大小为 A3 纸张尺寸，分辨率为 300 像素/英寸，背景色为白色），点击【确定】按钮。

2. 执行【菜单/文件/置入嵌入对象】命令，置入提前绘制好的服装模特，调整图片至合适大小和位置，按【Enter】键确认，置入 JPG 图片（图 6-2-2）。

3. 再次执行【菜单/文件/置入嵌入对象】命令，重复操作，置入"5 个服装模特"JPG 图片（图 6-2-3）。选中"置入嵌入对象"产生的所有图层后按快捷键【Ctrl＋E】合并图层，并命名为【模特】图层。

小提示：也可以直接在该文件中直接绘制模特，服装人体模特的绘画请参照第四章，模特绘制参考步骤见图 6-2-4。

4. 选择工具箱中的【钢笔】工具，绘制服装路径。切换至【路径】面板，双击【工作路径】，弹出对话框，命名为【款式 1】，点击【确定】按钮，储存"款式 1"路径。

5. 重复操作，绘制"款式 2～款式 5"的服装路径，储存"系列服装"路径（图 6-2-5）。

6. 点击【图层】面板，点击图层面板的下方【新建】按钮，新建一个图层，并改名为【线稿】，图层顺序位于最上层。点击【默认前景色和背景色】，设置前景色为"黑色"。

7. 选择工具箱中的【画笔】工具，选择画笔并设置画笔参数（选择"硬边圆"，大小为 1 像素，硬度为 100％）。

8. 选择工具箱中的【路径选择】工具，在画板空白处鼠标右击，选择【描边路径】，弹出对话框，选择画笔，取消勾选"模拟压力"，点击【确定】按钮，描边"系列服装"的路径至【线稿】图层。

9. 再次选择工具箱中的【画笔】工具，选择画笔并设置画笔参数（选择"硬边圆"，大小为 3 像素，硬度为 100％）。

10. 选择工具箱中的【路径选择】工具，在画板空白处鼠标右击，选择【描边路径】，弹出对话框，选择画笔，勾选"模拟压力"，点击【确定】按钮，再次描边路径至【线稿】图层。切换至【路径】面板，点击路径面板空白处，取消"系列服装"的路径选择，得到效果（图 6-2-6(a)(b)）。

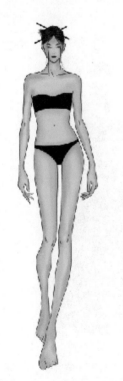
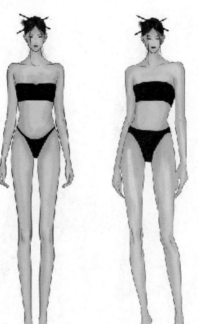
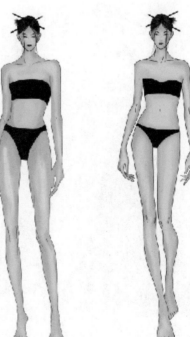
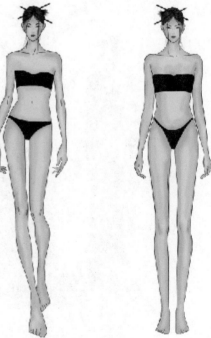

图 6-2-2【置入】效果

图 6-2-3【置入或绘制】效果（系列）

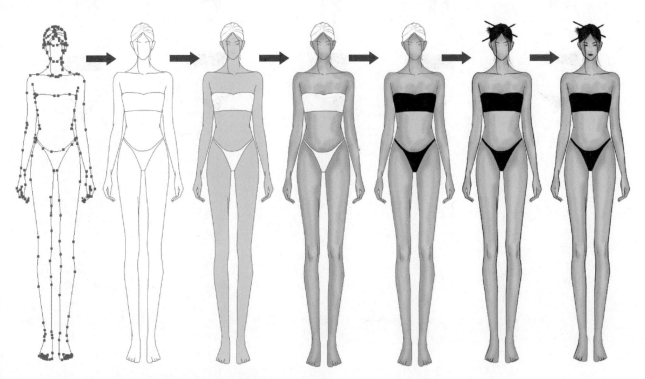

图 6-2-4　单个模特绘制参考步骤（路径—线稿—皮肤—内衣—头发—五官）

图 6-2-5　绘制服装路径（系列）

图 6-2-6(a)　描边路径（系列）

图 6-2-6(b)　描边路径（隐藏模特图层后展示效果）

　　小提示：*如果采用手绘板绘制服装效果图线稿，则可以忽略步骤 4～10 步骤，直接运用【画笔】工具* ![brush] *绘制服装线稿。*

　　（二）第二阶段：服装上色

　　11. 切换至【图层】面板，点击【图层】面板中的【创建新图层】按钮，创建新图层并将其命名为【配色】图层。

　　12. 双击前景色按钮 ![color]，弹出【拾色器】面板，选择颜色（图 6-2-7），点击【确定】按钮。

　　13. 切换至【图层】面板，点击【配色】图层。选择工具箱中的【矩形选框】 ![rect] 工具，建立"矩形"选区。按快捷键【Alt＋Delete】，填充前景色至选区，按快捷键【Ctrl＋D】键取消选择，得到效果（图 6-2-8）。

图 6-2-7　【拾色器】对话框

图 6-2-8　建立选区并填充

14. 重复操作：将 2/3/4/5 号色分别填充至【配色】图层，分别选择前景色（图 6-2-9 中（a）（b）（c）（d）），得到配色方案（图 6-2-10）。

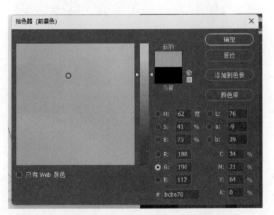

图 6-2-9(a)　2 号色【拾色器】对话框

图 6-2-9(b)　3 号色【拾色器】对话框

图 6-2-9(c)　4 号色【拾色器】对话框

图 6-2-9(d)　5 号色【拾色器】对话框

| 1号色 | 2号色 | 3号色 | 4号色 | 5号色 |

图 6-2-10　配色方案

15. 切换至【图层】面板，点击【线稿】图层，选择工具箱中【魔棒】工具，建立款式 1 的 "1 号色" 选区。执行【菜单/选择/修改/扩展】命令，扩展选区 2 像素，得到效果（图 6-2-11）。

16. 双击前景色按钮，弹出【拾色器】面板，变成吸管工具状态下吸取 "1 号色"。

17. 切换至【图层】面板，点击【图层】面板中的【创建新图层】按钮 5 次，分别创建新图层并将其命名为【1 号色块】【2 号色块】【3 号色块】【4 号色块】【5 号色块】图层。

18. 点击【1 号色块】图层，按快捷键【Alt＋Delete】，将吸取的前景色填充到【1 号色块】图层，按快捷键【Ctrl＋D】取消选择，得到效果（图 6-2-12）。

图 6-2-11 建立选区　　图 6-2-12【填充】效果

19. 重复操作：切换至【图层】面板，点击【线稿】图层，选择工具箱中的【魔棒】 工具，建立"2号色"的选区。执行【菜单/选择/修改/扩展】命令，扩展选区2像素。

20. 双击前景色按钮，弹出【拾色器】面板，变成吸管 工具状态下分别吸取"2号色"。

21. 切换至【图层】面板，点击【2号色块】图层，按快捷键【Alt＋Delete】，将吸取的前景色填充到【2号色块】图层，按快捷键【Ctrl＋D】取消选择，得到效果（图6-2-13）。

22. 再次重复操作，将"3号色"填充至对应选区及对应的【3号色块】图层，得到效果（图6-2-14）。

23. 反复重复操作，将其他的"1号色""2号色""3号色""4号色""5号色"分别填充相应选区至对应的【1号色块】【2号色块】【3号色块】【4号色块】【5号色块】图层，并按快捷键【Ctrl＋D】取消选择，得到效果（图6-2-15）。

图 6-2-13【填充】效果　　图 6-2-14【填充】效果

图 6-2-15【填充色块】效果（系列）

（三）第三阶段：绘制服装明暗

24. 切换至【图层】面板，点击【图层】面板中的【创建新图层】按钮█，创建一个新图层并命名为【1号色明暗】，位于【1号色块】图层上面，按快捷键【Ctrl+Alt+G】创建剪切蒙版。

25. 双击前景色按钮█，弹出【拾色器】面板，选择一个比"1号色"较深的颜色（图6-2-16）。

26. 选择工具箱的【画笔】█工具，设置画笔参数（选择"硬边圆/压力/不透明度"），绘制【1号色块】的暗部（图6-2-17）。

小提示：绘制过程中可以根据实际要求按键盘【[】或【]】键调整画笔的大小。

图 6-2-16 【拾色器】对话框　　图 6-2-17 绘制效果

27. 再次双击前景色按钮█，弹出【拾色器】面板，选择一个比"1号色"更深的颜色（图6-2-18）。选择工具箱的【画笔】█工具，加强"1号色块"的明暗（图6-2-19）。

图 6-2-18 【拾色器】对话框　　图 6-2-19 绘制效果

28. 重复操作，绘制系列服装的其他款式"1号色块"的明暗至【1号色明暗】图层，得到效果（图6-2-20）。

29. 切换至【图层】面板，点击【图层】面板中的【创建新图层】按钮█，创建一个新图层并命名为【2号色明暗】，位于【2号色块】图层上面，按快捷键【Ctrl+Alt+G】创建剪切蒙版。

30. 双击前景色按钮█，弹出【拾色器】面板，选择一个比"2号色"略深的颜色（图6-2-21）。

图 6-2-20 绘制"1号色块"明暗效果（系列）

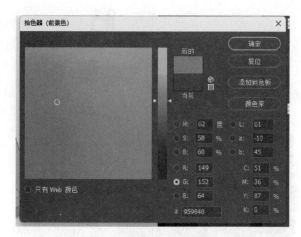

图 6-2-21 【拾色器】对话框

31. 选择工具箱的【画笔】 ✏️ 工具，选择和设置画笔参数（选择"软圆/压力/不透明度/流量"），绘制"2 号色块"的明暗（图 6-2-22）。

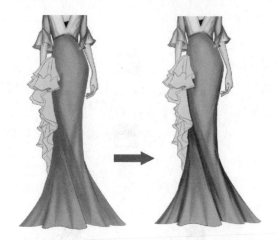

图 6-2-22 绘制效果   图 6-2-24 绘制效果

32. 再次双击前景色按钮 ⬛️，弹出【拾色器】面板，选择比"2 号色"更深的颜色（图 6-2-23）。选择工具箱的【画笔】 ✏️ 工具，加强"2号色块"的明暗（图 6-2-24）。

33. 重复步骤 30～步骤 32，绘制系列其他服装"2 号色块"的明暗至【2 号色明暗】图层，得到效果（图 6-2-25）。

34. 继续按此步骤，选择比"3～5 号色"更深的颜色（图 6-2-26(a)(b)(c)），绘制"3～5 号色块"图层的明暗，得到效果（图 6-2-27(a)(b)(c)）。

35. 切换至【图层】面板，点击【图层】面板中的【创建新图层】 ⬜️ 按钮，创建新图层并命名为【渐变效果】图层，位于【2 号色明暗】图层上面，按快捷键【Ctrl＋Alt＋G】创建剪切蒙版。

36. 双击前景色按钮，弹出【拾色器】面板，变成吸管工具 🖋️ 状态下分别吸取"1 号色"。选择工具箱的【画笔】 ✏️ 工具，设置画笔参数（选择"硬边圆/压力/大小"），绘制服装的渐变部分（图 6-2-28）。

37. 选择工具箱的【涂抹】 🖌️ 工具，设置涂抹参数（选择"柔边圆/压力/不透明度"），涂抹服装的渐变部分（图 6-2-29）。

图 6-2-23 【拾色器】对话框

图 6-2-25　绘制"2 号色块"明暗效果（系列）

图 6-2-26(a)　【拾色器】对话框（3 号色块明暗绘制的颜色选择）

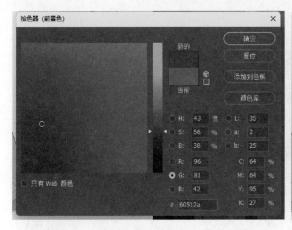

图 6-2-26(b)　【拾色器】对话框（4 号色块明暗）

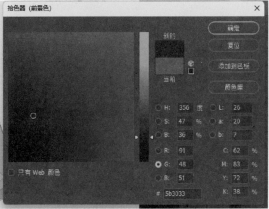

图 6-2-26(c)　【拾色器】对话框（5 号色块明暗）

图 6-2-27(a)　绘制"3 号色块"明暗效果（系列）

图 6-2-27(b)　绘制"4 号色块"明暗效果（系列）

图 6-2-27(c)　绘制"5 号色块"明暗效果（系列）

38. 切换至【图层】面板，点击【图层】面板中的【创建新图层】按钮 ▐ ，创建一个新图层并命名为【渐变色明暗】，位于【渐变效果】图层上面，按快捷键【Ctrl＋Alt＋G】创建剪切蒙版。

39. 双击前景色按钮 ▐ ，弹出【拾色器】面板，选择一个比"1号色"较深的颜色。选择工具箱的【画笔】 ▐ 工具，设置画笔参数（选择"硬边圆/压力/不透明度"），绘制"渐变色"的明暗（图6-2-30）。

40. 切换至【图层】面板，点击【图层】面板中的【创建新图层】按钮 ▐ ，创建一个新图层并命名为【闪光面料】，位于【3号色块明暗】图层上面，按快捷键【Ctrl＋Alt＋G】创建剪切蒙版。

41. 设置前景色为"白色"，选择工具箱的【画笔】 ▐ 工具，设置画笔参数（选择喷溅画笔，图6-2-31），绘制服装的"高光"部分（图6-2-32）。

42. 再次选择和设置画笔参数（图6-2-33），绘制服装的"3号色块"闪光部分（图6-2-34）。

43. 重复操作，绘制系列其他服装"3号色块"面料的闪光效果，得到效果（图6-2-35）。

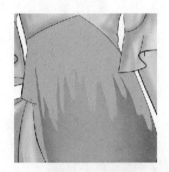
图6-2-28　绘制效果

图6-2-29　涂抹效果

图6-2-30　绘制效果

图6-2-31　设置画笔

图6-2-32　绘制效果

图6-2-33　设置画笔

图6-2-34　绘制效果

图 6-2-35 绘制"闪光面料"效果（系列）

（四）第四阶段：绘制服装图案

44. 切换至【图层】面板，点击【图层】面板中的【创建新图层】 按钮，创建新图层并命名为【梅花图案】图层，位于【3 号色块明暗】图层上面，按快捷键【Ctrl＋Alt＋G】创建剪切蒙版。

45. 设置前景色为"黑色"，选择工具箱的【画笔】 工具，设置画笔参数（选择干介质画笔，图 6-2-36），绘制服装图案的局部（图 6-2-37）。

46. 设置前景色（选择不同的红色），选择工具箱的【画笔】 工具，设置画笔参数（选择

湿介质画笔，图 6-2-38），继续绘制服装图案（图 6-2-39）。

图 6-2-38 设置画笔

图 6-2-36 设置画笔　　　图 6-2-37 绘制效果

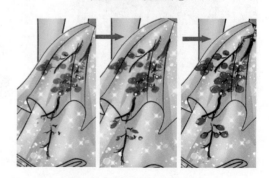

图 6-2-39 【梅花】绘制效果

47. 切换至【图层】面板，选择【梅花图案】图层，按快捷键【Ctrl＋J】复制图层，生成【梅花图案拷贝】图层，将其移动至合适位置，创建剪切蒙版，得到效果（图6-2-40）。

48. 重复操作，将复制的图案调整至合适大小并移动至系列中其他服装的合适位置，得到效果（图6-2-41）。

小提示：复制的图层移动至合适位置后，需要

建立相对应色块图层的剪切蒙版，使图案能按照不同色块的形状进行自动剪切。

49. 切换至【图层】面板，点击【图层】面板中的【创建新图层】 按钮，创建一个新图层并命名为【荷花图案】，位于【2号色块】图层上面，按快捷键【Ctrl＋Alt＋G】创建剪切蒙版。

图6-2-40　复制并移动效果　　　　　　　　　图6-2-41　复制并移动效果（系列）

50. 设置前景色为"墨绿色"，选择【画笔】工具并设置画笔参数（选择干介质画笔），绘制"荷花图案"的局部，设置前景色为"黑色"，继续绘制荷花图案的局部（图6-2-42）。

51. 选择【画笔】工具并设置画笔参数（选择湿介质画笔，大小合适），继续绘制"荷花图案"的局部（图6-2-43）。

52. 设置前景色为"红色"，继续绘制"荷花图案"，得到效果（图6-2-44）。

53. 重复操作，继续绘制系列中其他服装的"荷花图案"，或直接复制图案并调整至合适大小，移动至合适位置，得到效果（图6-2-45）。

小提示：复制图层移动至合适位置后，需要建

立相对应色块图层的剪切蒙版，使图案能按照不同色块的形状进行自动剪切。可以根据实际效果调整图层的透明度来丰富画面效果。

54. 切换至【图层】面板，点击【图层】面板中的【创建新图层】 按钮，创建一个新图层并命名为【图案2】，位于【1号色明暗】图层上面。

55. 执行【菜单/文件/置入嵌入对象】，置入"荷花"JPG格式图片（图6-2-46），调整图片的大小和位置，按快捷键【Ctrl＋Alt＋G】创建剪切蒙版，将图层属性设置为【正片叠底】，得到效果（图6-2-47）。

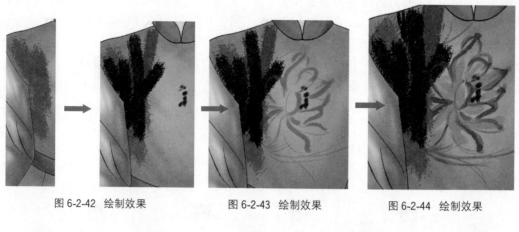

图 6-2-42 绘制效果　　　　图 6-2-43 绘制效果　　　　图 6-2-44 绘制效果

图 6-2-45 复制并移动效果（系列）

图 6-2-48 重复操作效果（系列）

图 6-2-46 【置入】图片　　图 6-2-47 【剪切蒙版】效果

图 6-2-50　设置"不透明度"效果

56. 重复操作，重新置入该 JPG 格式图片或将复制的图案调整至合适大小并移动至合适位置，得到效果（图 6-2-48）。

小提示： 重新置入该 JPG 格式图片或复制的图层移动至合适位置后，需要建立相对应色块图层的剪切蒙版，使图案能按照不同色块的形状进行自动剪切。图片还可以执行菜单【编辑/变换/变形】命令，按照服装展示形态来进行图片变形调整。

57. 切换至【图层】面板，点击【图层】面板中的【创建新图层】 按钮，创建新图层并命名为【高光】，位于所有图层的最上面。

58. 将前景色设置为"白色"。选择工具箱的【画笔】 工具，设置画笔参数（选择"硬边圆"画笔，大小为 10 像素），绘制服装的"高光"部分（图 6-2-49）。

59. 切换至【图层】面板，设置【1 号色块】图层的不透明度为 75％，制作面料半透明的效果（图 6-2-50）。

60. 点击【默认前景色和背景色】 ，设置前景色为"黑色"。选择工具箱中的【画笔】 工具，选择画笔并设置画笔参数（选择"硬边圆"画笔，大小为 1 像素，硬度为 100％）。

61. 选择工具箱中的【钢笔】 工具，绘制"花扣"路径（图 6-2-51）。切换至【路径】面板，双击【工作路径】，弹出对话框，命名为【花扣】，点击【确定】按钮，储存"花扣"路径。

62. 切换至【图层】面板，点击【图层】面板中的【创建新图层】 按钮，创建一个新图层并命名为【花扣线稿】，位于所有图层的最上面。

63. 选择工具箱中的【路径选择】 工具，在画板空白处鼠标右击，选择【描边路径】，弹出对话框（选择"画笔"，取消勾选"模拟压力"），点击【确定】按钮，描边"花扣"路径至【花扣线稿】图层，得到效果（图 6-2-52）。

图 6-2-51　绘制路径　　图 6-2-52【描边】效果

64. 切换至【图层】面板，点击【花扣线稿】图层，选择工具箱中【魔棒】 工具，建立"花扣"选区。执行【菜单/选择/修改/扩展】命令，扩展选区 1 像素，得到效果（图 6-2-53）。

65. 双击前景色按钮，弹出【拾色器】面板，选择一个红色。点击【图层】面板中的【创建新图

图 6-2-49　绘制"高光"效果

层】按钮，创建一个新图层并命名为【花扣色块】，调至【花扣线稿】图层下面。按快捷键【Alt＋Delete】，将前景色（红色）填充到【花扣色块】图层，按快捷键【Ctrl＋D】取消选择，得到效果（图 6-2-54）。

图 6-2-53　建立选区　　　图 6-2-54　【填充】效果

66. 切换至【图层】面板，点击【图层】面板中的【创建新图层】按钮，创建一个新图层并命名为【花扣明暗】，位于【花扣色块】图层上面，按快捷键【Ctrl＋Alt＋G】创建剪切蒙版。

67. 双击前景色按钮，弹出【拾色器】面板，选择一个比较深的红色。选择工具箱的【画笔】工具，设置画笔参数（选择"硬边圆/压力/不透明度"），绘制"花扣"的明暗（图 6-2-55）。

68. 将前景色设置为【白色】。选择工具箱的【画笔】工具，设置画笔参数（选择"硬边圆"画笔，大小为 10 像素），绘制花扣的"高光"部分（图 6-2-56）。

图 6-2-55　绘制效果　　　图 6-2-56　绘制效果

69. 切换至【图层】面板，选择所有"花扣"图层，按快捷键【Ctrl＋E】合并图层，并命名为【花扣】，调整至合适大小及移动至服装的合适位置（图 6-2-57）。

70. 按快捷键【Ctrl＋J】复制图层，自动生成【花扣拷贝】图层，移动图层至合适位置，反复操作，得到效果（图 6-2-58）。

（五）第五阶段：绘制效果图背景

71. 切换至【图层】面板，选择除了【背景】和【配色】图层以外的所有图层（所有服装图层），按快捷键【Ctrl＋J】复制图层，按快捷键【Ctrl＋E】合并图层并命名为【服装拷贝】图层，移动图层至【背景】图层上面。

72. 按快捷键【Ctrl＋T】自由变换，鼠标右击选择【垂直翻转】，按【Enter】键确认。选择工具栏中的【移动】工具，移动图层至合适位置，设置该图层的不透明度为 37％，得到效果（图 6-2-59）。

73. 切换至【图层】面板，点击【图层】面板中的【创建新图层】按钮，创建新图层并命名为【效果图背景】，调整图层顺序至【背景】图层上面。

74. 执行【菜单/文件/置入嵌入对象】，置入"背景"JPG 格式图片，调整图片的大小和位置，设置图层的不透明度为 40％，得到效果（图 6-2-60）。

75. 切换至【图层】面板，关闭【配色】图层前面的"眼睛"图标，隐藏该图层。

图 6-2-57　移动效果

图 6-2-58　移动复制效果

图 6-2-59　倒影效果

图 6-2-60　背景效果

76. 选择工具箱的【横排文字工具】 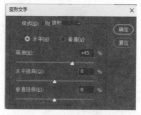 ，输入文字"墨梅荷语"，自动生成【墨梅荷语】文字图层。设置字体的参数（图 6-2-61）。

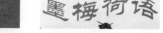

图 6-2-61 文字参数设置

77. 选择【创建文字变形】 工具，弹出对话框，设置变形文字的参数（图 6-2-62），点击

【确定】按钮，得到文字效果（图 6-2-63）及整体系列服装效果展示（图 6-2-64）。

图 6-2-62 变形文字参数设置 　图 6-2-63 变形文字效果

图 6-2-64 新中式系列服装效果图整体效果

本章小结

本章从创意类服装设计大赛为出发点，采用拼贴设计方法进行创意类服装效果图绘画设计。其应用的主要工具有画笔工具、加深减淡工具、文字工具、剪切蒙版设置、建立选区工具、图层样式设置等。创意类服装效果图在表现上注重明确体现服装款式与内容，所以人物作为支撑服装的"架子"而存在，要尽可能姿势简单且有利于展现服装款式。操作技巧提示：

1. 通过【画笔预设】设置画笔，可以画出不同形态、不同压力渐变的丰富笔触效果。
2. 图层之间可以通过设置图层混合模式及调整图层不透明度来制造不同的叠加效果和纱的质感。
3. 勾选【色相/饱和度】对话框中的【着色】命令，可以给黑白两色的图片添加并调整颜色。
4. 【剪切蒙版】命令可以快速剪切明暗效果以及对文字效果进行处理等。

思考练习题

完成一个系列的创意大赛类服装设计效果图的绘制。

附录：优秀作品欣赏

服装面料的绘制效果图

(作者：董金华)

服饰配件的绘制效果图

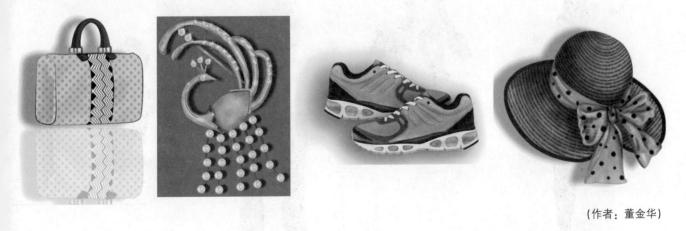

(作者：董金华)

人物头像、人体模特及服装的绘制效果图

(作者：董金华)

（作者：董金华）

（作者：张欣宇）

（作者：郑芷晴）

（作者：邱凯仪）

（作者：陈珊纬）

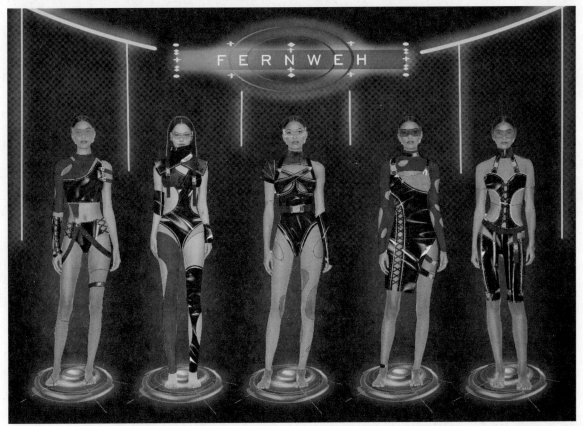

（作者：陈珊纬、王玖思等）

（作者：马晓静）

（作者：李雨梦）

参 考 文 献

[1] 董金华 戚雨节. Photoshop 服装设计 [M]. 上海：东华大学出版社，2017.

[2] 江汝南 董金华，服装电脑绘画教程 [M]. 北京：中国纺织出版社，2021.

[3] 江汝南. 服装电脑绘画教程 [M]. 北京：中国纺织出版社，2013.